Erich Gonder

Self made
Erfolg ohne Beziehung und Protektion

Erich Gonder

Self made

Erfolg ohne Beziehung und Protektion

Rediroma-Verlag

Bibliografische Information der Deutschen Nationalbibliothek:
Die Deutsche Nationalbibliothek verzeichnet diese Publikation in der Deutschen Nationalbibliografie; detaillierte bibliografische Daten sind im Internet über http://portal.dnb.de abrufbar.

ISBN 978-3-98527-090-3

www.rediroma-verlag.de
12,95 Euro (D)

Inhalt

GEBURT

Meine Eltern, Ella und Justus Gonder, die Verwandten und Bekannten sowie die Welt – alle warteten 1936 auf mich. Am 20. Januar war es so weit. In Koblenz im Stift erblickte ich das Licht dieser Welt. Nichts ahnend, was mich da erwartete. Schon meine Zeugung musste nicht ganz einfach gewesen sein. Immerhin haben meine Eltern vier Jahre gebraucht – sie heirateten 1932 – bis sie mich an der richtigen Stelle einpflanzten. Die Geburt selbst muss auch nicht ganz einfach gewesen sein, weil die Hebamme oder der Arzt eine Zange brauchten, um mich in diese Welt zu zerren. Wahrscheinlich waren sie der Ansicht, dass ich unbedingt gebraucht werden würde. Ich war der ersehnte Stammhalter im Hause Gonder-Keßler; meine Mutter stammte aus dem Hause Keßler in der Johannesstraße 25 in Niederlahnstein. Hier sollte ich die nächsten 19 Jahre aufwachsen. Man gab mir bei der Taufe die Vornamen Erich, Walter, Justus.

Erich Keßler war mein erster Pate, ein Sohn von Meta und Gustav Keßler. Leider fiel er im Zweiten Weltkrieg als Offizier. Seine Eltern führten stellvertretend für ihn die Patenschaft ausdrücklich fort. Mein zweiter Pate war Mutters Bruder Walter Keßler. Justus hieß mein Vater, der auch in meinem Vornamen verankert werden wollte.

VERWANDTSCHAFT

Meine Mutter Ella Gonder ging als älteste Tochter aus der Ehe zwischen Maria und Emil Keßler hervor. Sie hatte zwei Geschwister, und zwar Rose Handschuh, geborene Keßler, und Walter Keßler, den schon erwähnten Paten. Mein Vater Justus Gonder war der einzige Sohn aus der Ehe von Katharina und ebenfalls Justus Gonder. Mein Bruder Walter Gonder kam im April 1938 zur Welt. Drei Jahre danach freuten sich meine Eltern über die Geburt meiner Schwester Helga, die leider nur acht Monate alt wurde. Man stellte damals Vermutungen an, dass mein Vater aus dem Russlandfeldzug einen unbekannten Virus beim Heimaturlaub auf Helga übertragen hätte. Im Jahre 1944 zog die Familie (außer Vater) nach Niederbayern, um den Bombenangriffen der Alliierten in Niederlahnstein (Militärkasernen) zu entgehen. In dieser Zeit war meine Mutter hochschwanger und konsultierte das Krankenhaus in Landshut. Dort wurde sie von einem bereits toten Knaben entbunden. Auf dem Heimweg von Landshut nach Bonbruck (Kreis Vilsbiburg) wurde ihr Zug von Tieffliegern (Amerikanern) beschossen. Alle Passagiere mussten den Zug verlassen und sich auf freiem Gelände Deckung suchen.

Mutters Schwester, Tante Rose, war mit August Handschuh verheiratet, der 1944 in Frankreich von Partisanen erschossen wurde. Aus dieser Ehe gingen meine Cousins Bruno und Jürgen hervor. Walter Keßler, der Bruder meiner Mutter, heiratete im Krieg Lotti Sonderland aus Oberlahnstein. Egon, ihr Sohn, rundete 1944 mit seinem Erscheinen das Wachstum der Großfamilie ab. Großfamilie sage ich deshalb, weil wir alle neben ein paar entfernten Verwandten in einem Haus wohnten und aufwuchsen. Dieses Neun-Familien-Haus hatte mein Großvater Emil Keßler gekauft. Neben der Familie im engeren Sinne (Großeltern, Gonder, Handschuh und Keßler jun.) beherbergte dieses Haus noch zwei entfernt verwandte Familien Wirges und Rethorn (letztere eine Schwester meiner Oma Gonder mit Sohn) sowie drei nicht verwandte Familien. Auf weitere Einzelheiten der Familiengeschichte gehe ich bei gegebener Veranlassung später ein.

ERSTE DEKADE

An die ersten drei Jahre meiner Kindheit kann ich mich nicht mehr erinnern. Die Erinnerung beginnt mit der Aufnahme in den Kindergarten, der damals noch nicht Kita hieß. Fasziniert war ich von der damaligen Kindergärtnerin, die ich mit vier Jahren schon heiraten wollte. Meine Eltern gaben mir aber den klugen Rat, noch etwas zu warten, bis ich genügend Geld hätte, um mir eine Ehe finanziell leisten zu können (wir lebten ja nicht im Orient).

Mein Vater war damals Angestellter der Nassauischen Sparkasse (Naspa) in Oberlahnstein. Eigentlich wollte er Beamter werden wie sein Vater, der als Zugführer bei der Reichsbahn arbeitete. Nach dem Abitur in Koblenz stellte die Nassauische Landesbank (Nalaba) 1925 meinen Vater als Lehrling ein. Während seiner Ausbildungszeit teilte sich die Nalaba in Landesbank und Sparkasse. Seit dieser Zeit hatte die Bank die Beamtenlaufbahn gesperrt. Das Landesbankengeschäft ging auf die heutige Helaba und das Sparkassengeschäft auf die Naspa über. Genauere Einzelheiten sind mir aus dieser Zeit nicht bekannt. Nach der Lehrzeit, die für Abiturienten nur zwei Jahre dauerte, übernahm die Naspa meinen Vater ins Angestelltenverhältnis.

In meine Kindergartenzeit fällt der Beginn des Zweiten Weltkriegs 1939. Nach Erzählungen meines Vaters, der hugenottischer Abstammung war, wurde er gefragt, ob er im deutschen oder französischen Heer dienen wolle, weil er sich freiwillig gemeldet hatte. Grund war neben seiner Abstammung sein Geburtsort Straßburg. Mein Vater entschied sich für Deutschland, zumal er seit 1932 Mitglied der NSDAP war. Er hat den Krieg von Anfang bis Ende er- und überlebt.

Ab 1939 war meine Mutter im heutigen Sinne alleinerziehend. Heute kann ich abschätzen, welche Geborgenheit eine Großfamilie bieten kann, die zusammen in einem Haus lebt. Wenn man sie brauchte, waren Großeltern, Tanten und Cousins zugegen. Zum Kindergarten wurde ich morgens geschickt. Das ging, weil unser Haus nur 60 Meter vom Hort entfernt war und auf derselben Straßenseite lag. Ich konnte also über den Bürgersteig gehen, der damals noch Trottoir hieß. Nachmittags half Trudel Nass (heute Frau Geis) meiner Mutter und mir (haha) im Haushalt. Sie absolvierte bei uns das im Dritten Reich für Mädels gültige Pflichtjahr. Sie konnte von meiner Mutter, einer perfekten Hausfrau, viel lernen.

In diesem Zusammenhang muss ich meine Großeltern Maria und Emil Keßler ausdrücklich loben. Sie hatten meine Mutter und Tante Rose zu gut bürgerlichen Hausfrauen ausbilden lassen. In Wiesbaden, von Niederlahnstein etwa 80 km entfernt, haben sie im Hospiz kochen gelernt. Ferner besorgten meine Großeltern, Ama und Apa, ihren Töchtern eine Musikausbildung. Mutters Stimme wurde zu einer Solo-Mezzosopran-Stimme ausgebildet, Tante Rose dagegen erfuhr eine wunderbare Alt-Stimmen-Ausbildung. Die beiden Schwestern sangen im Kirchenchor und traten später auch als Duett auf. Die Ausbildung wurde abgerundet durch Lehren im Schneiderhandwerk und der Weißnäherei (Tante Rose).

Nachdem die Mädels so gut ausgebildet und reif für die Ehe waren, flirtete mein Vater zuerst mit Tante Rose. Aus diesem Flirt ergab sich aber keine ernsthafte Verbindung, da die Ansichten meines Vaters über eine Ehe mit den Vorstellungen von Tante Rose nicht im Einklang standen. Was machte daraufhin ein kluger Bankkaufmann wie mein Vater? Richtig, es gab ja im Hause Keßler noch eine heiratsfähige Tochter, nämlich Ella, meine Mutter. Die beiden konnten anscheinend ihre Ansichten über die Zukunft besser koordinieren und heirateten 1932. Diese Ehe hielt bis zum Tode meines Vaters im Jahre 1975, also 43 Jahre. Über dieses Spannungsverhältnis – Tante Rose, Mutter Ella und Vater Justus – wurde in der gesamten Familie nie mit uns Kindern gesprochen. Man war sich im Schweigen einig. Erfahren habe ich es erst Jahrzehnte später von Dritten. In der Großfamilie herrschte trotzdem Harmonie, weil auch Tante Rose ihren geliebten August Handschuh als Ehemann gefunden hat.

DIE KRIEGSJAHRE 1939-1945

Im Kindergartenalter bemerkte ich vom Krieg in den ersten zwei bis drei Jahren kaum etwas außer der Abwesenheit meines Vaters, der nur einmal im Jahr auf ein oder zwei Wochen zum Heimaturlaub kam. Die meisten Leute sprachen davon, dass der Krieg nicht lange dauern würde. Diese Hoffnung wuchs durch die schnellen Erfolge der deutschen Wehrmacht in den ersten Kriegsjahren. Die Alltagsversorgung klappte noch. Vieles hatten wir selbst, denn die Großeltern besaßen neben dem Hausgarten noch einen zweiten Obstgarten gegenüber der Straße im Nauling. Weiter draußen im Feld verfügten Ama und Apa noch über zwei größere Grundstücke, und zwar eines über 2.000 qm und das andere über 1.000 qm.

Auf allen Grundstücken standen Obstbäume und -sträucher. Das Sortiment umfasste Kirschen, süß und sauer, Pfirsiche, Äpfel, Birnen sowie Maronen. Daneben wurden hauptsächlich Erdbeeren und Gemüse sowie Kartoffeln angebaut. Haupterträge stifteten die Erdbeeren, von denen wir neben dem Selbstverbrauch auch einige Zentner an die örtliche Obstgenossenschaft verkauften. Mein jugendliches Leben war stark vom Obstpflücken geprägt. Gleichaltrige Spielgefährten konnten ins Lahnschwimmbad gehen, ich durfte währenddessen Kirschen und Erdbeeren pflücken. Auf einem gut behangenen Baum konnte ich in der Stunde 20 Pfund Süßkirschen (mit Stiel) pflücken. Dafür bekam ich 50 Pfennige pro 20-Pfund-Korb. Die Großeltern hatten dafür gesorgt, dass jedes ihrer Kinder ein etwa gleichgroßes Obstgrundstück zur eigenen Bewirtschaftung erhielt. Das große Grundstück teilten sich Tante Rose und Onkel

Walter, während meine Mutter das 1.000 qm große Grundstück bekam. Ama und Apa behielten das Grundstück gegenüber des Wohnhauses. Damit war die Erbfolge praktisch schon zu Lebzeiten der Großeltern geregelt. Alle waren einverstanden – wo gibt es das schon?

Für andere Lebensmittel wie Brot, Mehl, Fleisch und Zucker gab es Lebensmittelkarten. Als Zubrot für die Familie schneiderte meine Mutter. Für den Bezug von Stoffen wurde Obst eingetauscht. Die Anfertigung von Kleidern ließ sich meine Mutter in Naturalien vergüten.

Wehmütig musste ich mich 1942 aus dem Kindergarten verabschieden, um zur Schule zu gehen. Unsere Volksschule in Niederlahnstein lag in der Bergstraße, für einen sechsjährigen Jungen ein ziemlich weiter Weg, betrug er doch immerhin circa 400 Meter. Der Straßenverkehr barg noch keine großen Gefahren, da es kaum Autoverkehr gab. Als größeres Verkehrsmittel ließ die Stadt Koblenz ihre Straßenbahn durch Nieder- nach Oberlahnstein fahren.

Meine Mutter ging mit mir zur Einschulung. Auf dem Weg dorthin sagte sie: „Wahrscheinlich bekommst du als erste Lehrerin das Fräulein Loreth, die mich vor zwanzig Jahren auch schon unterrichtet hat. Sei bitte anständig, brav und lerne was."

Entsprechend war die Ansprache meiner Mutter an Fräulein Loreth: „Liebes Fräulein Loreth, hier bringe ich Ihnen meinen Sohn Erich, seien Sie bitte streng mit ihm."

Fräulein Loreth hielt sich daran. In der ersten Schulwoche bekam ich wegen eines heute nicht mehr bekannten Deliktes (wahrscheinlich grober Unfug) vom Fräulein Loreth einen Stockhandschlag. Als ich dieses Vorkommnis zu Hause erzählte, bekam ich gleich nochmals eine hinter die

Ohren. Von meiner Mutter war zu hören, dass ich die körperliche Züchtigung sicher verdient hätte. Sie wollte meinen Ungehorsam durch ihre Ohrfeige nur nochmal verdeutlichen. Was lernte ich daraus? Egal, was in der Schule passierte, daheim ließ ich keine Silbe mehr aus dem Klassenzimmer oder vom Schulhof verlauten.

So wurde ich ein guter, braver Schüler, dessen Leistungen sich im Jahreszeugnis widerspiegelten. In Ermangelung einer Schulsporthalle fand der Sportunterricht im Schulhof statt – eine Stunde pro Woche. Ball- und Laufspiele standen auf dem Programm. Ein Sturz auf dem asphaltierten Hofboden hatte natürlich sofort Schürfwunden zur Folge. Geweint wurde nicht, da ja auch Mädels auf dem Schulhof waren.

Eine Lehreraussage im vierten Schuljahr gibt mir noch heute zu denken, ob es pädagogisch richtig war, einen zehnjährigen Bengel wie mich vor der ganzen Klasse besonders zu loben. Wir hatten ein Diktat geschrieben. Bei der Rückgabe der Hefte sagte Lehrer Reuchle: „Das Diktat ist insgesamt nicht gut ausgefallen. Ich konnte noch nicht mal dem Gonder eine Eins geben, da er einen halben Fehler geschrieben hat. Der Vogel Rohrdommel schreibt sich nämlich nicht mit zwei oo, sondern mit oh!"

Die Rohrdommel – wie wichtig – werde ich nie mehr falsch schreiben. Viel mehr kann ich von den vier Jahren Volksschule nicht erzählen, höchstens noch eine traurige Begebenheit. Kurz vor Weihnachten sagte ein Lehrer, er wolle jetzt mit den katholischen Schülern eine Weihnachtsfeier abhalten und die evangelischen Mitschüler sollten nach Hause gehen.

Aber nochmal zurück zum Krieg. Als die deutsche Wehrmacht in Russland zurückweichen musste, war abzusehen, dass der Zwei-, teilweise Dreifrontenkrieg (Afrika) nicht zu gewinnen war. Entsprechend schlechter ging es uns allmählich auch zu Hause. Niederlahnstein und Koblenz (fünf Kilometer auseinander) waren Garnisonsstädte und Hauptverkehrswege nach Berlin. Deshalb war Niederlahnstein auch D-Zug-Haltestation, worüber sich Oberlahnstein als die größere Stadt oft maßlos geärgert hat. Dafür hatte Niederlahnstein unter den zunehmenden Bombardements der Alliierten zu leiden; wir haben fast jeden Tag im Gewölbekeller gesessen. Koblenz war am Schluss des Krieges zu über 80% zerstört.

Nachdem unser Haus im Herbst 1944 von mehreren Bombensplittern getroffen wurde, reichte es Apa. Als beamteter Oberlokführer konnte er unsere Evakuierung mit der Reichsbahn organisieren. Benötigte Kleidung und Geschirr wurden in einen Güterwaggon verpackt und ab ging's mit drei Gonders, drei Handschuhs und vier Keßlers (jeweils Senioren und zwei Junioren) nach Bonbruck in Niederbayern, Kreis Vilsbiburg. Gonders wurden bei Erlmeiers untergebracht. Erlmeiers hatten zwei Söhne sowie eine Schreinerei, in der es für einen achtjährigen Buben viel zu sehen und zu beobachten gab. Natürlich musste man als Lausbub eines Tages die Schreinerwerkstatt nach Arbeitsschluss heimlich genauer inspizieren. Selbstverständlich wurde bei diesem Erkundungsgang auch die große Bandsäge eingeschaltet und zur Holzzerkleinerung benutzt. Dieses gefährliche Spielzeug machte natürlich vor meinen Daumen nicht Halt. Das Blut spritzte, ein Verband wurde angelegt. Schelte und Senge bekam ich als Zugabe, nachdem erkennbar war, dass die Wunde, die ich heute beinahe stolz zeige, ziemlich harmlos war. Nach diesem Event durfte ich die Werkstatt nicht mehr alleine betreten, sie war jetzt in der arbeitsfreien Zeit auch abgeschlossen. So lernten auch die damals Erwachsenen weitere Unfälle von Jugendlichen zu verhüten.

Wie kamen wir zu Erlmeiers? Ganz einfach. Mein Vater war während des Krieges einmal bei Erlmeiers stationiert. Auf seine Nachfrage hin hießen uns Erlmeiers willkommen. In einem 20 qm großen Zimmer wohnten wir zu dritt, meine Mutter, mein Bruder und ich. In Bonbruck ging ich weiter zur Schule, und zwar in die dritte Volksschulklasse; Lehrerin war Fräulein Krieger (so sah sie auch aus). Da ich sehr schnell bayrisch lernte, war ich bei Mitschülern sehr angesehen und konnte auch mit ihnen spielen. Meine Mutter ging zu Bauern nähen. Sie brachte die bäuerliche Kleidung in Ordnung und ließ sich dafür in Naturalien (Butter, Brot, Gemüse) entlohnen. Wir konnten gut leben. Das Ergebnis des letzten Fronturlaubs meines Vaters war Mutters Schwangerschaft (Kinder für den Führer – so ein Quatsch). Wie schon früher erwähnt, endete Mutters Schwangerschaft mit einer Totgeburt in Landshut. Auf dem Heimweg von Landshut nach Bonbruck beschossen alliierte Flieger den Personenzug.

Dann warteten wir auf das Ende des Krieges und darauf, was danach geschehen würde. Leider waren meine Eltern, vor allem meine Mutter, nicht einsichtig, dass der Krieg von Deutschland bzw. Hitler begonnen wurde, um Europa zu unterdrücken. Es wäre ihm auch beinahe gelungen, wenn er sich nicht mit Russland angelegt hätte(siehe Napoleon) und rechtzeitig bei Dünkirchen über den Kanal nach

England gegangen wäre. Außerdem beharrte meine Mutter auf der Verratsdoktrin, wonach die Gegner des Dritten Reiches alle möglichen Dinge an die Alliierten verraten hätten. Letztlich glaubte meine Mutter an die in Vorbereitung befindliche Wunderwaffe, die angeblich eine Wende zum Sieg Deutschlands gebracht hätte. All ihren Hoffnungen zum Trotz marschierten die Amerikaner in Bayern, also auch in Bonbruck, ein. Eine amerikanische Einheit bezog ihr Biwak auf dem Hof der Familie Erlmeier. Damit waren die Träume meiner Mutter vorbei. Während der Besatzung in Bonbruck versuchte mein Vater aus der russischen Besatzungszone nach Bonbruck in die amerikanische Zone zu gelangen.

Als ich nach Kriegsende zur Schule kam und Fräulein Krieger freundlich mit dem Hitlergruß begrüßte, nahm sie mich beiseite und erklärte mir, dass dieser Gruß jetzt nicht mehr möglich sei, da wir den Krieg verloren hätten; es hieß jetzt wieder „Guten Morgen, guten Tag und guten Abend". Machen Sie das mal einem neunjährigen Jungen klar! Das abgedeckte Lager der Amerikaner auf dem Hof der Schreinerei lud natürlich meine Spielkameraden und mich zur Untersuchung förmlich ein. In unbeobachteten Momenten erbeuteten wir Jungs eine kleine Pistole nebst Munition. Damit gingen wir ins freie Feld an einen Weiher und schossen auf Frösche (mit neun Jahren). Durch die Knallerei wurden die Amerikaner aufmerksam und zogen mit der MP im Anschlag unsere Pistole wieder ein. Wir entwendeten den Amerikanern auch Zigaretten. Meine Mutter bemerkte natürlich sofort, dass wir Buben geraucht hatten. Sie konfiszierte die Zigaretten und versteckte sie im Schrank, in der Hoffnung, sie meinem noch nicht eingetroffenen Vater geben zu können. Daraus wurde aber nichts, da ich die Zigaretten im Schrank fand.

Mein Vater schaffte es dann tatsächlich, nach tagelangen Märschen an den Russen vorbei in Bonbruck anzukommen, weil er erzählte, dass die Vorhut der Russen (kämpfende Truppe) keine Gefangenen gemacht hätte. Er meldete sich dann bei den Amerikanern, ohne dass er inhaftiert wurde. Jetzt wollten wir natürlich wieder nach Niederlahnstein. Aber wie sah es dort aus? Stand unser Haus noch? Über andere Lokführer brachte Apa Keßler in Erfahrung, dass unser Haus noch stand. Wir empfanden so etwas wie Glück und beschlossen – allen voran Apa –, nach Hause zu fahren. Aber wie? Da bewährte sich wieder mal das Organisationstalent von Apa. Irgendwie brachte er es über frühere Kollegen bzw. Lokführer fertig, einige Güterzugverbindungen (wir mit unserem gesamten Hausstand der vier Familien) herauszufinden. Samt unserem Gepäck wurden wir in einen Güterwaggon verladen. Die Heimreise konnte beginnen. Unser Waggon wurde unterwegs immer wieder an andere Züge angekoppelt. Nach vier Tagen landeten wir in Hanau, wo es vorübergehend nicht weiterging. In Hanau kampierten wir mit unserem gesamten Gepäck im Freien zwischen den Gleisen. Unsere Stimmung kann man sich vorstellen. Aber Apa schaffte es auch dort wieder, einen Waggon aufzutreiben, der uns nach Oberlahnstein – damals einem der größten Güterbahnhöfe – brachte. Fragen Sie nicht, wie wir nach einer Woche Fahrt im Güterwaggon ausgesehen haben! Überglücklich kamen wir im Mai 1945 zu Hause in der Johannesstraße 25 an.

Von da an begann ein neues Leben. Glück hatten wir auch, dass unser Haus nicht konfisziert war (NSDAP-

Vergangenheit unserer Großfamilie), da unser Allroundman Apa während des Krieges einer damals verfolgten Kommunistenfamilie eine Wohnung in unserem Hause zur Verfügung gestellt hatte. Es war Herr Dommermuth, der bei den Behörden eingriff, als unser Haus beschlagnahmt werden sollte. Sein Statement: „Keßlers, Gonders und Handschuhs sind anständige Leute, die mir Wohnung gegeben haben, als die Nazis mich verfolgt haben."

Die Beschädigungen am Haus waren nicht gravierend. Wer besserte sie aus? Natürlich Apa Keßler, unser Omni-Talent. Er reparierte auch das Dach, durch das eine Brandbombe geschlagen war, die glücklicherweise nicht explodierte. Was machten wir Jungs danach? Richtig, wir nahmen sie auseinander, entzündeten mit dem unverbrauchten Phosphorpulver ein Feuerchen und verbrannten Äste (mit neun Jahren). Wir waren halt damals Waffen- und Sprengstoffexperten (haha). Senge gab es danach natürlich von den Eltern gratis.

Mittlerweile ging ich in die dritte Klasse. Unsere Spiel- und Sportgruppe bestand aus Josef und Theo Noll, Paul Heimbach, Hans Polster, Manfred Nikolai, Machello (italienische Abstammung) und mir. Schwimmen konnten wir alle. Gruppenangehöriger konnte nur sein, wer erfolgreich die Lahn tauchend an einem Stück durchquert hatte. Das war wichtig, weil diese Fertigkeit meinem Cousin Jürgen Handschuh das Leben rettete. Die Gruppe trieb sich an der Lahn herum. Mir hatte man den dreijährigen Jürgen im Sportkinderwagen zur Betreuung und Beaufsichtigung mitgegeben. Auf einmal ein vielseitiger Aufschrei. Jürgen war in einem unbeaufsichtigten Augenblick durch zappeln und ruckeln im Kinderwagen die dort befindliche Rampe hinuntergerollt, ins Wasser gefallen und untergegangen. Oh je, ich sofort hinterher, in die Lahn gesprungen, kurz getaucht und Jürgen herausgezogen; er war putzmunter. Was tun? Nach kurzem Kriegsrat entschloss sich die Gruppe, Jürgen wieder in den Kinderwagen zu setzen, ihn durch die Stadt zu fahren, damit er trocknen konnte. Unser Plan ging nicht ganz auf, da aufmerksame Passanten bemerkt hatten, dass Jürgen und ich patschnass waren. Sie verständigten meine Mutter und Tante Rose, die sofort kamen, um Jürgen und mich zu übernehmen. Für dieses Abenteuer wurde ich ausnahmsweise nicht bestraft, weil die Eltern wohl eingesehen hatten, dass es nicht klug war, einem neunjährigen Lausbub die Verantwortung für ein dreijähriges Kind am Flussufer zu überlassen.

Im Herbst 1945 wurde ich in die vierte Klasse versetzt. Meine Eltern gaben mir den Hinweis, mich anzustrengen, da ich nach der vierten Klasse auf das Gymnasium wechseln sollte. Mein Vater hatte den Krieg als Hauptmann verlassen. Er musste sich als Alt-PG entnazifizieren lassen. Dieses Verfahren begann in Mainz-Bretzenheim und endete in Niederlahnstein. Positiv wurde ihm angerechnet, dass er keine Gräueltaten begangen und den Krieg von Anfang bis Ende an vorderster Front erlebt hatte. Er führte nämlich eine Panzerabwehreinheit (Packgeschütze), die natürlich nur vorne zum Einsatz kam.

Er durfte zunächst nicht zurück zur Naspa, sondern musste als städtischer Arbeiter für 125 Reichsmark im Monat niedere Dienste verrichten. Zum Glück verfügte unsere Familie über kleinere Sparguthaben, sodass der Lebensunterhalt für das Notdürftigste gesichert war. Daneben konnten wir Früchte und Gemüse aus dem eigenen Garten ernten. Vaters Mutter – Ama Gonder – hatten wir in Ölsberg bei einer Bauernfamilie namens Krämer untergebracht. Für die Mithilfe im dortigen Haushalt konnte Ama wohnen und essen. Gelegentlich wurde ich in Niederlahnstein mit Tauschware (Bettwäsche, Handtücher etc.) in den Zug gesetzt, um nach Ölsberg zur Ama bzw. zur Familie Krämer zu fahren und die Tauschwaren gegen Butter und Schinken einzuwechseln. Man nannte diese Vorgehensweise damals „hamstern". Ganz bewusst schickte man mich, weil die Eltern hofften, dass einem kleinen Jungen von der Polizei nichts abgenommen wurde. Es war ein grauer bzw. ein schwarzer Markt. Mein Aufenthalt in Ölsberg dauerte immer nur ein paar Tage. Ölsberg erreichte man mit dem Zug von Niederlahnstein über St. Goarshausen (Loreley-Stadt), dort Umsteigen in die Nassauische Kleinbahn (verkehrt heute nicht mehr) Richtung Nastätten. In Bogel hieß es aussteigen und per pedes nach Ölsberg.

ZWEITE DEKADE 1946 bis 1956

Eine ereignisreiche Dekade. Mittlerweile im vierten Schuljahr lernte ich fleißig für ein gutes Zeugnis, weil ich ja auf das Gymnasium nach Koblenz wollte. Meine Lehrer an der Volksschule befürworteten meinen beabsichtigten Wechsel in die höhere Schule. Mein Vater, der mittlerweile wieder bei der Naspa in Oberlahnstein arbeiten durfte, empfahl mir das Städtische Realgymnasium in Koblenz, obwohl es in Oberlahnstein auch ein Gymnasium gab. Warum wohl? Na, weil er auch dort zur Schule gegangen war und Abitur gemacht hatte. Mir war's recht. Also nahm er mich bei der Hand und auf ging es nach Koblenz zur Aufnahmeprüfung (Herbst 1946). Da das Realgymnasium zerbombt war, wurden wir im Görresgymnasium aufgenommen. Nach gut bestandener Aufnahmeprüfung wurde ich in die Sexta (heute fünfte Klasse) aufgenommen. Der Schulbetrieb gestaltete sich wie folgt: von Montag bis Mittwoch gab es vormittags Unterricht für die Görresianer und nachmittags für die Realer. Von Donnerstag bis Samstag lief die Unterrichtsfolge umgekehrt.

Übrigens war ich der Einzige von meinen 40 Volksschulkameraden, der aufs Gymnasium ging. Es kostete in Koblenz noch Schulgeld, das andere Eltern nicht aufbringen wollten. Die Dinge nahmen ihren Lauf. Da wir in der französischen Besatzungszone wohnten, war auch ab Sexta meine erste Fremdsprache Französisch. Dr. Anton Gabele, alter Kriegsveteran, Heimatdichter und schon Lehrer meines Vaters, übernahm den Französischunterricht. Unsere Lehrer wurden nicht mit Namen, sondern mit „Herr Studienrat“ angesprochen. Schulisch ist sonst aus der Sexta nichts Besonderes zu berichten. Wir waren alle ehrfürchtig mit lernen beschäftigt.

Zum Glück gab's die Straßenbahn, mit der ich täglich außer sonntags zur Schule fuhr. Bis zum Görresgymnasium konnte die Tram nicht fahren, da die Pfaffendorfer Rheinbrücke gesprengt worden war und im Wasser lag. Zu Fuß über eine Behelfsbrücke erreichte ich nach einer halben Stunde (der Weg führte durch Trümmergrundstücke) das Schulgebäude, nach Schulschluss der gleiche Weg zurück. Freizeitgestaltung war in der ersten Wochenhälfte kaum möglich, da die Kumpels ja morgens in der Volksschule waren, ich aber erst nachmittags nach Koblenz musste. Lernen und Hausaufgaben vom Wochenende nachholen, da blieb keine Zeit zum Spielen. Einen kleinen Vorteil hatte der Schichtunterricht insofern, als von Mittwochnachmittag bis Donnerstagvormittag keine Hausaufgaben zu erledigen waren. Neben den schulischen Belangen hatte ich die Freizeitaktivitäten und das Obstpflücken zu organisieren.

Die Versetzung in die Quinta war kein Problem. Wir schreiben das Jahr 1947, mitten in der so genannten schlechten Zeit. Die Versorgung wurde immer schwieriger. Bei der Beschaffung von Kartoffeln hatten wir Glück. Es gelang uns mit Geld und Tauschartikeln in Polch (nahe Koblenz als Kartoffelacker bekannt) einige Zentner für den Winter zu beschaffen. Der Transport von Polch nach Niederlahnstein wurde in einigen Etappen via Zug und Straßenbahn in großräumigen Sacktaschen durchgeführt. Damit war der Winter kartoffelmäßig gesichert.

In Mathematik ergab sich durch Prof. Mischke eine interessante Neuigkeit. Er dozierte: „Ehe ich euch das Rechnen beibringe, lernen wir zuerst das richtige und saubere

Schreiben unserer zehn Zahlen.“ Davon profitiere ich heute noch. Ein anderer Ausspruch von ihm vor jeder Klassenarbeit war: „Wir rechnen nur Aufgaben, die wir bisher durchgenommen und besprochen haben. Also wird bei der Arbeit nicht gepfuscht, denn wer bei mir rechnen gelernt hat, kann es und braucht nicht zu pfuschen.“ Mischke hat der Klasse gut getan.

Der Winter 1947/48 war sehr schlimm. Die Eiseskälte hatte Lahn und Rhein zufrieren lassen. Für uns Jungs ein Heidenspaß beim Schlittern und Schlittschuhlaufen. Zur Schule nach Koblenz durfte ich nicht über den Rhein gehen. In milderen Wintern konnte am alten Bahnhof, der auf einer kleinen Anhöhe lag, Schlitten gefahren werden. Heuer musste eine andere Strecke her, das Berndchen, eine Straße, die vom Allerheiligen Berg ins Tal führt. Ein Gefälle von 10° sorgte bei den mutigen Jungs für eine ordentliche Pace. Weniger Mutige und Mädels stiegen auf halbem Wege ein und hatten auch ihren Spaß. Die Kapitäne der Piste fuhren mit einem Kastenschlitten; gelenkt wurde mit einer langen stabilen Bohnenstange, die der hinten Sitzende führte. Die Besatzung bestand aus zwei bis drei Rodlern. Alle Füße waren vorne gegen einen Querholm gestützt, wobei die Beine des Lenkers in den Armen der Mitfahrer lagen. Sie mussten die gesamte Mannschaft mittels zweier Handgriffe festhalten, da der Lenker ja beide Hände für die Stange brauchte. Ab ging‘s. Die Fahrspur war vereist, das Tempo nahm schnell zu. Alle waren gespannt, auch die Zuschauer, die unten an der Querrinne standen und die Stürze sehen wollten. Durch die Querrinne hob der Schlitten ab und machte einen mehr oder weniger weiten Sprung. Beim Aufsetzen musste sofort mit allen Füßen gebremst werden, weil die Schlittenbesatzung sonst auf den Eisenbahnschienen gelandet oder gegen eine querstehende Mauer geprallt wäre. Wer hatte uns wohl den Kastenschlitten gebastelt? Natürlich Apa Keßler.

Zurück zur Schule. Die tiefen Temperaturen des 47er Winters sorgten bei den Straßenbahnen vorübergehend für den Ausfall der Fahrtüchtigkeit. Was tun? Selbstverständlich zu Fuß nach Koblenz (5 km) marschieren, zwei Briketts in der Tasche, damit das Klassenzimmer geheizt werden konnte. Die Stadt hatte es nicht geschafft, die Schule mit ausreichend Brennstoff zu versorgen. Für uns zu Hause war die Brennstoffversorgung weniger problematisch, weil wir uns an den Kohlezügen bedient hatten, die aus dem Ruhrgebiet bei uns vorbei in den Süden fuhren. Es war ganz einfach. Wir warteten auf einen Güterzug, der vor dem Einfahrtsignal in Oberlahnstein halten musste. Die letzten Waggons kamen vor unserem Hause zum Stehen. Mein Cousin Bruno und ich kletterten flink auf einen hoch beladenen Waggon und warfen schnell etliche Kohleklumpen auf die Böschung, sodass die Kohle direkt auf unser Grundstück kullern konnte. Bei zwei Einsätzen pro Woche hatten wir fix unseren Kohlevorrat für den Winter gesichert. Die behördlich zugeteilte Kohle reichte nämlich nicht aus.

Das Jahr 1947 war noch von drei wesentlichen Events gekennzeichnet. Unsere Boygroup hatte zur Abhaltung von Geheimsitzungen einen kleinen Stollen in die unserem Haus gegenüber liegende Seite des Bahndamms gegraben, wo wir uns unbemerkt treffen konnten. Es dauerte aber nicht lange, bis Bahnkontrolleure unser Versteck fanden. Wir mussten den Stollen wieder verfüllen, damit die Einsturzgefahr durch darüber rollende Züge beseitigt wurde. Dieses Abenteuer hatte natürlich wieder elterliche Züchtigungen und Stubenarrest zur Folge.

Das nächste Abenteuer, das mich sogar in Lebensgefahr brachte, fand in der Lahnbadeanstalt Weller auf der linken Lahnseite statt. Ein Nachlaufspiel im Schwimmerbecken gehörte zu den beliebtesten Unterhaltungen. Das Schwimmbecken war nach außen zur freien Lahn hin mit senkrechten Gitterstäben abgegrenzt. Der Fänger hatte einen Mitspieler unter Wasser abzuklatschen, um selbst von der Fängerrolle befreit zu werden. Als ich als Fänger an der Reihe war, verfolgte ich einen Mitspieler unter Wasser. Der war so schmächtig, dass er durch die Stäbe in die freie Lahn entkommen konnte. Ich versuchte hinterher zu tauchen, kam aber nur mit dem Kopf durch die Stäbe und hing unter Wasser fest. Es ging nicht mehr vor oder zurück. Was tun? Ich blieb cool und sagte mir, wenn der Kopf vorwärts hindurch passte, musste er auch zurück können. Mit einer starken Kraftanstrengung (die Ohren waren im Weg) drückte ich mich zurück durch die Stäbe und konnte auftauchen. Die Ohren waren zwar leicht beschädigt, aber ich habe überlebt.

Bei dem letzten Abenteuer spielte die Polizei mit. Wir Jungs hatten beschlossen, von der Lahnbrücke in den Fluss zu springen (Höhe etwa 10 m). Alle waren schon gesprungen, als die Polizei kam, um uns abzuhalten. Was wollte ich machen, um Scherereien aus dem Wege zu gehen? Ich sprang. Gut unten angekommen, schwammen wir nicht ans Niederlahnsteiner Ufer, sondern an das Oberlahnsteiner, wo die Niederlahnsteiner Polizei nicht zuständig war. Als ich abends nach Hause kam, erzählte mir meine Mutter, dass einige Oberlahnsteiner Jungs von der Lahnbrücke gesprungen seien. Sie sagte zu mir: „So was würdest du doch nicht tun?“ Ich konnte ihr leider nicht widersprechen.

Die Versetzung von der Quinta in die Quarta war kein Problem, ich war immer noch ein guter Schüler. Jetzt begann der Lateinunterricht, damit man am Ende der gymnasialen Schulzeit das große Latinum besaß. Die Grammatik war nicht so schwierig, weil der Satzaufbau dem Deutschen ähnlich ist. Lediglich die Benutzung des Gerundiums musste sorgfältig geübt werden. Verdruss bereitete nur die Vokabelpaukerei. Sehr schnell hatten wir die Wortspiele drauf: Cäsar equs consilium cum classis Romana (Cäsar fährt Rad mit einer flotten Römerin) oder bonorum tractum efundere (der Güterzug aus Gießen). Die weiteren Sprüche sind zotenhaft und daher nicht geeignet, hier gedruckt zu werden.

Kurz vor Beginn der Quarta-Zeit organisierte die deutsche Regierung im Einvernehmen mit den Alliierten die Währungsreform und führte 1948 die Deutsche Mark ein. Auf einen Schlag war alles käuflich zu erwerben.

Nach Ablegung der Frei- und Fahrtenschwimmerprüfungen im Residenzbad (Resi) zu Koblenz ging es zu Hause um die Eroberung des Rheins. Meine Gruppe traf sich an der Lahn, wir gingen ins Wasser, schwammen durch die Lahnmündung in den Rhein bis kurz hinter die Dampferanlegestelle. Dort befand sich ein kleiner Sandstrand, den wir jetzt öfter aufsuchten. Das nächste Abenteuer wartete auf die Gruppe. Wer weiterhin unserer Gruppe angehören wollte, musste den Rhein schwimmend durchqueren. Gesagt, getan. Wir landeten am linken Rheinufer unterhalb der Königsbacher Brauerei, Abtrieb durch die starke Strömung etwa 500 Meter. Das hieß, einen Kilometer rheinaufwärts marschieren, bei Kapellen-Stolzenfels wieder ins Wasser, zurück zu unserem Ausgangspunkt. Zu Hause natürlich wilde Schelte über unseren Übermut, aber insgeheim auch etwas Stolz, dass ich's geschafft hatte. Über ein viel gefährlicheres Abenteuer im nächsten Jahr wird zu berichten sein.

Mit 13 Jahren 1949 glatte Versetzung in die Untertertia. In Mathematik wurde der Lehrplan um Algebra und Geometrie erweitert. Auch in allen anderen Fächern stiegen die Anforderungen. Schulisch lief die Untertertia glatt ab, Nichts Aufregendes passierte. In Oberlahnstein begann der Konfirmandenunterricht, der damals noch zwei Jahre dauerte. Mit nur fünf oder sechs evangelischen Jahrgangskameradinnen und -kameraden gingen wir ins evangelische Gemeindehaus nach Oberlahnstein zu Pfarrer Fey. Einmal in der Woche fand der Unterricht statt. Sonntags um 10 Uhr war Kirchgang angesagt, der nur bei wichtigem Grund versäumt werden durfte.

Entscheidend für das Leben aller Deutschen war 1949 die Gründung der Bundesrepublik Deutschland. Der Parlamentarische Rat hatte die Vorbereitungen – vor allem das Grundgesetz – getroffen. Konrad Adenauer wurde der erste Bundeskanzler und Ludwig Erhard sein Wirtschaftsminister. Auf die weitere politische Entwicklung Deutschlands gehe ich später noch ein.

Schwimmtechnisch war in diesem Sommer ein weiteres Highlight im Rhein geplant. Da wir bei routinierten Schwimmern schon gesehen hatten, wie sie an Lastkähne heran schwammen, an der Gangway fest zupackten und aufs Schiff kletterten, beschloss unsere Gruppe, es ihnen gleich zu tun. Wir warteten auf einen Schleppzug rheinaufwärts. Ein starker Schlepper zog bis zu sechs Lastkähne, die keinen Motor eingeschaltet hatten. Es zeigte sich, dass es ungefährlicher war, den letzten Lastkahn zu erobern, weil bei ihm keine Zugtrosse mehr vorbei führte und so keine Gefahr bestand, bei einem Misslingen des Enterversuchs unter den folgenden Lastkahn zu geraten. Es klappte schon beim ersten Mal. Wir ließen uns vom Schleppzug etwa einen Kilometer rheinaufwärts fahren, um dann mit der Strömung zum Badestrand zurückzukehren. Von da an war es Routine, wir führten es oft im Sommer durch. Nicht jeder Kapitän fand es gut, dass wir sein Schiff enterten. Um die Schwimmer von seinem Schiff fernzuhalten, bestrich ein Kapitän zum Beispiel die Anfasskante an der Gangway dick mit Teer. Die Folgen kann man sich ausmalen. Zu Hause wurde das misslungene Abenteuer natürlich auch entdeckt, da ich noch nicht wusste, wie man Teer ohne elterliche Hilfe entfernen kann; Schelte und Hausarrest waren die Zugaben.

Aber auch diese Hürde wurde genommen. Meiner Versetzung anno 1950 standen keinerlei triftigen Gründe im Wege. Erfreulich war für alle Schüler die Umstellung des Versetzungstermins auf Ostern, sodass fast ein halbes Schuljahr gewonnen wurde (G 8,5). In der Obertertia bekamen wir Englisch als dritte Fremdsprache in den Lehrplan. Außerdem erweiterte man das Lernspektrum um Erdkunde, Physik und Chemie. Bis zum Abitur hatten wir nun folgende Fächer mehr oder weniger stark abzuarbeiten: Als sogenannte Hauptfächer galten Deutsch, Mathematik, Französisch, Latein und Englisch. Sogenannte Nebenfächer waren Erdkunde, Geschichte, Religion, Sport, Physik, Biologie,

Chemie und Musik. Das waren insgesamt 13 Fächer und Wissensgebiete, die man durch lernen und üben durch die nächsten Jahre auf Abiturlevel bringen musste.

Mittlerweile (ich weiß nicht mehr genau, wann) zog unsere Schule ins reparierte eigene Gebäude zurück. Jetzt hatten wir wieder jeden Werktag vormittags Unterricht. Das Städtische Realgymnasium heißt heute „Eichendorff-Gymnasium“ und liegt am Kaiser-Wilhelm-Ring. Hier hatten wir auch wieder eine Turnhalle für den Sportunterricht. Als neuer Turnlehrer fungierte Herr Koschel – ein Speerwerfer. Er war der erste Mann, der damals den Speer über 70 Meter weit warf. Da Niederlahnstein (Lahn und Rhein) sowie Koblenz (Rhein und Mosel) viel mit Wasser und Badegästen zu tun hatten, wurde in der Schule empfohlen, uns zu Rettungsschwimmern (DLRG) ausbilden zu lassen. Soviel ich weiß, konnte man mit 14 Jahren den Grundschein erwerben. Im Koblenzer Residenzbad legten ich und einige Klassenkameraden die Grundscheinprüfung ab. Neben der Theorie gehörten folgende praktische Aufgaben dazu: einmal längs mit offenen Augen durch das Becken (25 m) tauchen, Kopfsprünge vom Dreimeterbrett, ein Geldstück in drei Meter Tiefe finden und auflesen, in Kleidern (Retter und Gerettete) eine Person über eine bestimmte Strecke abschleppen, dabei den Kopf des Geretteten über Wasser halten, im Wasser an- und ausziehen sowie am Ufer Wiederbelebungsmaßnahmen einleiten.

Zu Hause stand als wichtigstes Ereignis die Konfirmation an. Den obligatorischen Anzug schneiderte natürlich meine Mutter. Die goldene Armbanduhr steuerten die Großeltern bei. Eine Woche vor der Einsegnung hatten sich die Konfirmanden der Kirchengemeinde vorzustellen. Dabei mussten wir den in zwei Jahren gelernten Stoff auf Fragen des Pfarrers vortragen. Es ging alles glatt. An der Konfirmation durfte man zum ersten Mal das Abendmahl feiern. Als vollwertiges Gemeindemitglied konnte man jetzt auch im Kirchenchor singen. Dort sangen außer meinen Eltern und mir auch jugendliche Mädels (honni soit qui mal y pense). In Ruth Oberhäuser habe ich mich auch sofort verknallt. Das Kuriose dabei war, dass mein Vater in jungen Jahren auch mal in Ruths Mutter verliebt war. Meine Jugendliebe zu Ruth (sie war zwei Jahre älter als ich) dauerte gut zwei Jahre. Sie ging nach Koblenz in die Handelsschule. Ruth kam morgens mit dem Zug aus Oberlahnstein und wartete im ersten Abteil auf mein Zusteigen in Niederlahnstein. Wir wählten immer das erste Abteil, um uns nicht zu verfehlen, und hatten außerdem in Koblenz nach dem Aussteigen den kürzesten Weg zur Bahnhofstreppe. Wir fuhren so früh, damit ich Ruth noch zur Schule begleiten konnte.

Nach der Konfirmation im Jahre 1950 wurde auf Veranlassung von Pfarrer Fey eine Gruppe des BCJ (Bund Christdeutscher Jugend) gegründet. Unser Pfarrer war schon in seiner Jugend BCJler. Juristisch gesehen gibt es heute den BCJ nicht mehr, aber die Lahnsteiner und Karlsruher Gruppe sowie ich selbst fühlen uns immer noch als Alt-BCJler. Der BCJ hatte 1924 die Aschenhütte (einen älteren Heustall) im Oberen Gaistal (Bad Herrenalb) gekauft. Nach Umbau und Herrichtung als Jugendherberge diente sie dem BCJ als Ferienheim. Unsere Lahnsteiner BCJ-Gruppe fuhr im Sommer 1950 natürlich auch zur Freizeit auf die Aschenhütte. Mit Onkel Theo und seiner Tochter Eva übten wir fleißig Volkstanz. Daneben wurde viel gesungen und gewandert. Diese Freizeiten wiederholten sich in den folgenden Jahren.

Die Versetzung in die Untersekunda (1951) erfolgte geräuschlos. Jetzt, mit 16 Jahren bekamen meine Schulkameraden Einladungen von Tanzschulen. Ich erhielt keine, wusste aber nicht, warum. Eine ganze Weile später erfuhr ich, dass meine Eltern die Tanzschuleinladungen nicht an mich weitergegeben hatten. Begründet wurde ihre Maßnahme mit der Furcht, ich könnte in der Schule nachlassen. Genutzt hat es meinen Eltern nichts, da ich ja Volkstanz gelernt hatte. In der Lahnsteiner BCJ-Gruppe engagierten wir die Musikanten Kurt Klos, Waldemar Weiher sowie Willi Reifenhäuser und übten Reigen. Wer schon die Gesellschaftstänze konnte, brachte sie den anderen und mir schnell bei. Es ging hauptsächlich um Walzer, Foxtrott, Rheinländer, Polka und Rock'n'Roll. Also war die Missachtung des Postgeheimnisses meiner Eltern nicht nur betrüblich, sondern auch ein Schuss in den Ofen.

Ansonsten lief dieses Jahr ohne spektakuläre Ereignisse ab. Meine Freundin Ruth hatte nach Abschluss der Handelsschule eine Anstellung bei der Kassenärztlichen Verrechnungsstelle in Koblenz bekommen. Sie kam nun mit älteren Kolleginnen und Kollegen zusammen und lernte großstädtisches Leben kennen. In dieser Zeit ließ Ruths Begeisterung für mich nach. Da ich sie aber noch sehr gern mochte, ging ich zwei- bis dreimal in der Woche zu ihren Eltern und wartete dort auf sie, um sie wenigstens zu sehen. Ihre Eltern hatten mich sehr gern.

Ein sehr gemischtes Jahr begann 1952. Die Versetzung in die Obersekunda war nicht unproblematisch, klappte aber. Jetzt war ich Oberstufenschüler und wurde von den Lehrern gesiezt. „Sie Dummkopf!“, war als Anrede aber viel schlimmer als „Du Dummkopf!“ Mein privates Umfeld zeigte in diesem Jahr folgendes Bild: Mein Bruder Walter besuchte ebenfalls das Realgymnasium in Koblenz. Bruno, mein Cousin, ging ins Johanneskloster in Niederlahnstein. Mein Cousin Jürgen wurde in Dr. Lessings Internat in Oberlahnstein aufgenommen, während Egon Keßler entweder in Ober- oder Niederlahnstein eingeschult wurde. Da seine Eltern ab und zu die Wohnung wechselten, war ich mir nicht sicher, wo sein Schulbeginn stattfand. Tante Rose hatte wieder geheiratet und mit ihrem Mann Erich Biermann das Lokal „Zur Lahnbrücke“ eröffnet. Es war eine gute Speisegaststätte, in der ich ab und zu aushelfen konnte, um mein sehr dürftiges Taschengeld aufzubessern.

Als ich 17 Jahre alt wurde (1953), durfte ich bei der DLRG den Leistungsschein ablegen. Gegenüber des Grundscheins waren die Leistungsnachweise sehr erweitert. Neben dem Abschleppen im Wasser musste man im Resi zwei Bahnen (je 25 m) tauchen können, also 50 Meter. Vorteile dabei waren einmal der Sprung ins Wasser, der flach gehalten wurde, um möglichst weit zu kommen, und die Unterwasserwende, bei der man sich noch mal kräftig abstoßen konnte.

Ich war der falschen Meinung, die Obersekunda sei ein Selbstläufer. Das war eine gewaltige Selbsttäuschung. Alles Mögliche wie Fußball, Mädels, Schwimmen, Bedienen und Jugendgruppe hielten mich vom Lernen in der Schule ab. Es kam, wie es kommen musste: Ostern 1953 wurde ich nicht in die Unterprima versetzt. Ich wollte mit der Schule aufhören. Mein Vater ließ das zum Glück nicht zu. Abitur war die unumstößliche Forderung.

Mittlerweile hatte ich aber auch begriffen, was die Uhr geschlagen hatte. Da ich ja Abitur machen wollte, entdeckte ich das Lernen wieder. Viel hat auch geholfen, dass zwei Lehrer aus Lahnstein an meiner Schule tätig waren. Vor denen wollte ich mich natürlich nicht blamieren. Es waren dies Herr Dr. Lessing aus Oberlahnstein und Herr Ramann aus Niederlahnstein. Clemens Lessing hatte ein besonderes Interesse an mir, auch weil er mit meiner Mutter privat musizierte, er spielte Querflöte. Beim zweiten Anlauf in der Obersekunda klappte es dann auch mit der Versetzung in die Unterprima; ich war auf dem richtigen Weg.

Meine Eltern begriffen aber auch, dass sie mir nicht mehr alles verbieten konnten. Dementsprechend war ich freudig überrascht, als sie mir 1953, nach der misslungenen Versetzung, das Tennisspielen erlaubten. Dafür war Onkel Walter – ein alter Tenniscrack – mitverantwortlich, der bei den Eltern die einschlägige Fürsprache gehalten hatte. Er forderte und förderte mich. Im Tennisspiel machte ich sehr schnell Fortschritte, sodass ich schon nach kurzer Zeit Turniere spielen konnte. In der Juniorenrangliste von Rheinland-Pfalz wurde ich an Nummer acht geführt. Außer Tennis spielte ich dann nur noch Fußball in der Schülermannschaft.

Mein Vater reüssierte nun auch in der Naspa. Er wurde nach Wiesbaden zur Zentrale berufen, um sich auf die Übernahme einer Leitungsfunktion vorzubereiten. Von Wiesbaden wurde er zunächst in Bad Ems als stellvertretender Filialdirektor eingesetzt. Von mir ist aus dieser Zeit nur noch ein wesentlicher Jugendstreich zu vermelden. In der neuen Klasse freundete ich mich mit Götz Habbel aus Urbar an. Wir besuchten uns auch außerhalb der Schule gegenseitig, weil wir uns mit der Straßenbahn erreichen konnten. Eines Tages im Sommer kamen wir auf die Idee, zur Insel Niederwerth zu schwimmen. Dort angekommen überlegten wir, was nun anzustellen sei. Auf Niederwerth stand ein sehr hoher Überlandstrommast, den wir interessiert betrachteten. Uns war klar, dass wir dort hinaufklettern mussten. Gesagt, getan. Das Klettern war mühsam und schmerzhaft, da wir barfuß waren. Aber wir schafften es, allerdings nicht bis ganz oben hin, weil das stark zunehmende Summen der Stromleitungen uns in Angst versetzte. Glücklich unten wieder angekommen hat uns dieses Abenteuer, bei dem wir nicht erwischt wurden, doch ziemlich stolz gemacht. Davon erzählen wir heute noch; das schweißt zusammen.

In der Unterprima lernte ich Skatspielen. Die Grundbegriffe, die ich vorher beim Zuschauen zu Hause erworben hatte, wurden mit Jürgen Schollendorf und Reinhold (genannt Anton) Matheblowski (beide schon verstorben) verfeinert. Reinholds Vater hatte in Koblenz eine Kneipe, in der wir nach Schulschluss Skat spielen konnten, ohne viel verzehren zu müssen. Wir spielten scharf um einen Zehntelpfennig. Skatspielen lernt man nur, wenn‘s um Geld geht.

Aus dieser Zeit muss auch unbedingt über das alljährliche Hochwasser in Niederlahnstein berichtet werden (heute ist es seltener). Das Hochwasser hatte zwei Seiten. Eine unangenehme war, dass beim Räumen des Kellers meine Mithilfe geboten war. Die angenehme Seite war das Kahnfahren durch die Straßen. Apa hatte uns Jungs natürlich ein ganz einfaches Wasserfahrzeug gebastelt. An unsere längliche Badewanne befestigte er rechts und links je einen

Holzbalken. Damit konnten wir nun munter durch die Hochwasserstraßen „gondeln“. Zur Bewältigung des täglichen Lebens waren von städtischen Arbeitern Stege mit Zugang zu jedem Haus aufgebaut, so dass das Leben fast normal weiterging. Eine zweite unangenehme Seite des Hochwassers waren die Hinterlassenschaften bei seinem Weggang. Man glaubt nicht, was da alles angeschwemmt wurde. Also musste wieder gereinigt werden. Schulisch ist aus der Unterprima nichts Besonderes zu berichten.

Privat stand eine gravierende Änderung bevor. Meinem Vater wurde die Leitung der Naspa-Filiale in Nassau anvertraut. Das hieß Umzug nach Nassau in die Dienstwohnung über den Bankräumen. Es war eine großzügige Wohnung, mit vier Zimmern und einem Bad (mein erstes). Wir fühlten uns dort sehr wohl. Nach der Versetzung in die Oberprima fuhr ich von Nassau aus mit dem Zug nach Koblenz zur Schule. Da mein Bruder und ich eine Monatskarte besaßen, konnten wir dennoch ohne Mehrkosten unseren Aktivitäten in Lahnstein nachgehen. Ich spielte weiterhin in Oberlahnstein Tennis. Wenn es dann bei irgendwelchen Festivitäten an Wochenenden einmal spät oder auch sehr spät wurde, schlüpfte ich bei meinen Großeltern unter. Sie ließen immer die Haustüre unverschlossen, sodass ich, ohne jemanden zu stören, ins Haus schleichen und mich auf das Sofa vor dem Schlafzimmer der Großeltern hinlegen konnte.

In Nassau gab es natürlich auch einiges zu tun. Neue Kumpels und Mädels mussten besorgt werden. Wie bekommt man am schnellsten Kontakt in einer neuen Wohngegend? Ganz einfach, man schließt sich bestehenden Vereinen an. Da ich gerne sang, trat ich in den Kirchenchor und in den Männergesangverein ein. In diesen Vereinen war ich willkommen, nicht zuletzt auch deshalb, weil mein Vater als Bankdirektor in Nassau eine exponierte Stellung bekleidete. Die geachteten Bürger in einer Kleinstadt wie Nassau (Partnerstadt von Nassau auf den Bahamas) waren der Bürgermeister, der Pfarrer, der Bankdirektor, der Notar, die Lehrer und einige Firmeninhaber. Mein Vater schloss sich dem Kegelverein (Donnerstagsclub) an und nahm mich öfter als Gast mit. In diesem Kegelverein waren natürlich die meisten Honoratioren der Stadt vertreten. Nach und nach lernte ich Achim Motz (genannt Pat), Alex Höhn, Erich Bruchhäuser und seine damalige Freundin Christel Fiedler sowie ein paar andere junge Leute kennen. In diesem Kreis unternahmen wir fortan einiges. Nicht bei allen Gelegenheiten konnte ich mitmachen, da ich als Pennäler nur über ein bescheidenes Taschengeld verfügte.

Das Abitur rückte näher. Gegenüber früheren Abiturprüfungen waren kleinere Erleichterungen eingeführt worden. Von den drei Fremdsprachen brauchten wir nur in zwei Sprachen eine schriftliche Klausur abgeben. Für das Abiturzeugnis hatte der zuständige Lehrer das Vorschlagsrecht für die ausgelassene Klausur. Da ich in Englisch eine passable Note hatte, ließ ich in diesem Fach die Klausur aus, um die Note nicht zu gefährden. In Französisch fühlte ich mich sicher und habe geschrieben. Latein habe ich auch geschrieben, weil ich dort nicht schlechter werden konnte – eine Fünf hätte ich allemal hinbekommen. Außerdem konnten wir zwei Nebenfächer von der Prüfung ausschließen. Hier galten die Noten aus dem Versetzungszeugnis von der Unter- in die Oberprima. Soweit ich mich erinnern kann, habe ich Physik und Biologie abgesetzt.

Die Abiturprüfung stieg im ersten Quartal 1956. Alles lief so weit glatt bis Donnerstag zur Mathematikklausur. Wahrscheinlich waren meine guten Nerven schuld, dass ich ausgerechnet an diesem Donnerstag verschlief. Meine Mutter kam aufgeregt ins Zimmer und fragte, ob ich heute keine Prüfung hätte. „Doch!", sagte ich und stand auf. Nach der eiligen Morgentoilette lief ich zum Bahnhof, wo ich nur noch die Schlusslichter des Zuges sehen konnte. Jetzt war mein Talent gefordert. Wir hatten kein Auto, und es fuhr kein Bus. Also Fahrrad aus dem Keller geholt, aufgepumpt und losgeradelt (25 km bis zur Schule in Koblenz). Ich kam verspätet in der Schule an, ging hinein, traf den Direktor auf der Treppe, der freundlich meinte, es sei aber jetzt Zeit. „Wir haben auf Sie gewartet!" Erleichtert nahm ich im Prüfungsraum Platz und schrieb die Mathematikarbeit.

Danach langes Warten. Hatte ich die schriftliche Prüfung bestanden? Ja, es war gelungen. Jetzt kam die mündliche Prüfung. Einige Mitschüler wurden aufgrund ihrer schriftlichen Ergebnisse von der mündlichen Prüfung befreit. So viel ich noch weiß, ordnete die Prüfungskommission an, mich in zwei Fächern, nämlich Mathematik und Chemie, mündlich zu testen. Davor war mir nicht bange. Chemie lief gut. In Mathematik stellte man mir folgende Frage: Wie kann man die Zahlen von 1 bis 100 am schnellsten addieren? Ich kramte in meinem Gedächtnis und fand die Gauß'sche Formel. Anstatt von vorne mühsam durchzuzählen und zu addieren, fing ich vorne und hinten an. 1+100=101, 2+99=101, 3+98=101 usw. Da diese Reihe 50mal ging, musste 5.050 herauskommen. Nach dieser Antwort war ich locker und konnte auch alle anderen Fragen zur Zufriedenheit der Prüfer beantworten. Ich hatte das

Abitur bestanden, war froh und stolz. Ein sehr wichtiger Lebensabschnitt war geschafft, alle Türen standen für den weiteren Lebens- und Berufsweg offen.

Als die Abiturfeierlichkeiten vorüber waren, stand die Berufsfrage im Vordergrund. Ich hatte zwei Vorstellungen. Da ich schon als Pennäler in den Ferien auf dem Bau gearbeitet hatte, lag der Wunsch nahe, Architekt zu werden. Andererseits interessierte mich auch die Fliegerei. Ich fuhr zweigleisig. Zunächst heuerte ich bei der Baufirma Kaffei an und vereinbarte ein Volontariat im Bauhandwerk. Das hieß, alle Arbeiten, die am Bau anfallen, musste ich kennenlernen und vor allem praktisch mitmachen. Das habe ich mit viel Freude und Einsatz begonnen. Hinzu kam, dass ich mein eigenes Geld verdiente (DM 1,23/Stunde = DM 200 im Monat). Ich war nicht mehr auf das Taschengeld meiner Eltern angewiesen. Die Hälfte meines damaligen Lohnes sparte ich, mit der anderen Hälfte konnte ich mich im Kreise der Kumpels freier bewegen und musste nicht alle Events, die Geld kosteten, absagen.

Neben dieser Tätigkeit bewarb ich mich bei der Bundeswehr. In der 1955 gegründeten Bundeswehr konnte man damals in zwölf Monaten Leutnant werden; das war verlockend. Zwischenzeitlich glaubte ich aber auch, dass ich die Frau meines Lebens gefunden hätte. Im Oberlahnsteiner Kirchenchor habe ich weiterhin gesungen. Dort hatten wir eine neue Chorleiterin namens Hilde Baus. Sie hatte Kirchenmusik studiert und stand kurz vor ihrer Prüfung als Kantorin (Orgel und Chorleitung). Wir haben uns ineinander verliebt und zunächst heimlich verlobt. Ich war happy: gebildet, Arbeit, Geld, eine tolle Frau und die Aussicht, bei der Bundeswehr aufgenommen zu werden. Meine Eltern hatten keine Einwendungen gegen meine Liaison mit Hilde.

Das Musterungsbüro in Köln hatte mich einbestellt. Meine Vorstellung sollte im Sommer 1956 an einem Morgen um acht Uhr stattfinden. Um diesen Termin wahrzunehmen, musste ich um kurz nach fünf Uhr morgens in Nassau losfahren. Auch an diesem Tag wurde ich zu spät wach. Ich nahm die nächste Zugverbindung und trudelte frohgemut um 10.30 Uhr im Musterungsbüro ein. Das Wartezimmer war leer. Für meine Verspätung hatte ich mir schon eine plausible Ausrede einfallen lassen. Dies war aber glücklicherweise nicht notwendig, denn es erschien ein Arzt und fragte mich, ob ich der Letzte sei. Meine Antwort war ja und ich kam sofort dran. Nach der Untersuchung bestätigte man mir die Tauglichkeitsstufe eins und nahm meinen Wunsch auf, Pilot zu werden. Das Musterungsbüro teilte mir mit, dass die Ergebnisse dem Luftwaffenbüro in Hannover übermittelt werden würde. Von dort bekäme ich Bescheid über den weiteren Fortgang. Dem war so, denn kurze Zeit später erreichte mich aus Hannover die Einladung zur Vorstellung und zur weiteren fliegertauglichen Untersuchung. Die Prüfung bzw. Begutachtung dauerte drei Tage. Im Ergebnis war ich düsenjägertauglich. Empfohlen wurde allerdings die Entfernung meiner Rachenmandeln, die eine Neigung zur chronischen Entzündung aufwiesen. Ich folgte dieser Empfehlung und habe das Ergebnis in Hannover mitgeteilt.

Kurze Zeit später fragte die Luftwaffe an, wann ich denn anfangen wolle. Mit Hilde, meiner heimlichen Braut, besprach ich die Angelegenheit. Sie beschwor mich, wegen der potenziellen Gefährdung, die ich als Pilot gehabt hätte, nicht zur Bundeswehr zu gehen. Ich habe leider nachgegeben, bin kein Pilot geworden und habe auch Hilde verloren; mehr dazu später. Danach entschloss ich mich, zu studieren.

Zum Vorbild hatte ich Dr. Hans Keßler, den Bruder meines Paten Erich, der Betriebswirtschaft studiert und in der Wirtschaft reüssiert hatte. Also ließ ich mich an der Uni Frankfurt, die damals eine Hochburg für Wirtschaftswissenschaftler war, immatrikulieren. Beginnen wollte ich im Wintersemester 1956/57. Bis zum Beginn des Studiums habe ich weiterhin auf dem Bau gearbeitet. Dort lernte ich in praktischer Hinsicht sehr viel. Einige Häuser in Nassau sind unter meiner Mithilfe errichtet worden. Für ein Geschäftshaus habe ich unter anderem sämtliche Eisenkörbe gebogen und konstruiert; die Häuser stehen heute noch. In einem Kinogebäude habe ich den ansteigenden Fußboden mit Schlauchwaage vermessen und ausbalanciert. Bei einem Hausbesitzer war ich zur Herstellung des Innenputzes einschließlich der Decke abgestellt. Ansonsten habe ich bei Maurerarbeiten in der Reihe gestanden und Kreuzverband gemauert. All diese Tätigkeiten haben mich befähigt, später meine erste Wohnung weitgehend selbst zu bauen.

DAS STUDIUM

Ausgestattet mit einem ordentlichen Sparguthaben bin ich nach Frankfurt gezogen, um Betriebswirtschaft zu studieren. Meiner gesamten Umgebung war es recht. Anfangs konnte ich bei Familie Schulz in Ffm-Niederrad wohnen, von wo aus die Uni mit der Linie 1 der Straßenbahn zu erreichen war. Meine Unterkunft bei Familie Schulz beruhte auf Wechselseitigkeit. Deren Sohn Horst wohnte vorher bei uns, weil er nicht kurz vor dem Abitur nach Frankfurt umsiedeln wollte. Diese Lösung war für beide Seiten preiswert und erfolgreich, sie galt für die ersten beiden Semester.

Voraussetzung für ein erfolgreiches Studium der Betriebswirtschaft war ein sechsmonatiges kaufmännisches Praktikum in der freien Wirtschaft. Diese Praktika (3 mal 2 Monate) absolvierte ich bei der Rhein-Zeitung in Koblenz und bei der Naspa in Bad Ems. Mein Studienplan sah wie folgt aus:

Allgemeine Betriebswirtschaftslehre
Bankbetriebslehre
Treuhandwesen (Buchhaltung, Bilanzierung, Finanzmathematik und Prüfungswesen)
Betriebliche Steuerlehre
Handelsbetriebslehre
Bürgerliches Recht
Öffentliches Recht
Statistik

Um ins Hauptstudium eintreten zu können, verlangte die Uni den erfolgreichen Abschluss in der Propädeutik. Dazu gehörten die Fächer Buchhaltung, Finanzmathematik sowie Statistik I und II. Vor Statistik hatten die meisten Kommilitonen Bammel, weil die Anforderungen sehr hoch waren. Mit diesen Fächern und allgemeinen Grundlagen der übrigen Gebiete war ich in den ersten drei Semestern voll ausgelastet. Nach erfolgreichen Klausuren in den propädeutischen Fächern konnte ich mich ganz dem Hauptstudium widmen. Meine Lehrer waren folgende Professoren:

Hax, Industriebetriebslehre
Hagenmüller, Allg. BWL und Bankbetriebslehre
Loitlsberger, Treuhandwesen (Wiener Schmäh)
Riebel, Deckungsbeitragsrechnung
Birck, Bankbilanz und Treuhandwesen
Sauermann, Volkswirtschaft
Neumark, Finanzpolitik
Veith, Geldpolitik
Banse, Handelsbetriebslehre
Schlochauer, Öffentliches Recht
Dornemann, Steuern
Blind, Statistik
Name entfallen, Bürgerliches Recht

Im Jahre 1957 stand am 20. Januar zunächst die Volljährigkeit auf den Plan; damals noch nicht mit 18 Jahren. Mein Vater sagte zu mir: „Du bist jetzt 21 und kannst machen, was du willst, aber denke daran, ich auch.“ Das war Vaters Glückwunsch zur Volljährigkeit. Bald darauf kämpfte ich mit der ersten großen Enttäuschung meines

Lebens. Bei einem Besuch in Alzey erklärte mir Hilde, sie könne mich nicht heiraten, weil sie ein Kind vom Pastor erwarte. Das war mal ‘ne Ansage. Wie geht ein junger Mann mit einer derartigen Nachricht um? Ich konnte es zuerst nicht richtig erfassen und einordnen. Mir ist in Erinnerung, dass ich von da an meine innere Einstellung zu Frauen und zur Amtskirche geändert habe. Nach den Hintergründen dieser Ereignisse habe ich nie gefragt – war mir auch egal. Mir war nur unverständlich, warum dieser Pastor sich nicht an das Gebot „Du sollst nicht begehren Deines Nächsten Weib“ gehalten hat. Ich hatte nun allen Grund, mich verstärkt ums Studium zu kümmern.

Im dritten Semester schloss ich die restlichen propädeutischen Übungen ab und belegte ein Proseminar in Allgemeiner Betriebswirtschaftslehre. Außerdem besuchte ich fleißig die grundlegenden Vorlesungen der anderen Hauptfächer. Obwohl die Verlobung mit Hilde gelöst war, überließ mir Georg, Hildes Bruder, seine Studentenbude im Öderweg. Wir verstanden uns recht gut; ihm war nur wichtig, dass er gelegentlich in unserem Zimmer schlafen konnte. Georg hatte schon Examen gemacht. Er promovierte und kam nur zu Gesprächen mit seinem Doktorvater (Dornemann) nach Frankfurt.

Im vierten Semester zog ich nach Neuenhain oberhalb von Bad Soden um. Das Ehepaar Bach vermietete mir zwei Zimmer (Wohn- und Schlafzimmer) für monatlich DM 30,00. Ihre Küche konnte ich mitbenutzen. Dort habe ich mich sehr wohlgefühlt, weil ich von Frau Bach etwas bemuttert wurde. Bachs hatten nämlich ihren einzigen Sohn im Krieg verloren. Ich war praktisch ihr Sohn-Ersatz. Herr Bach war Mitarbeiter der Farbwerke Höchst. „Äppelwoi“

hat er selbst produziert, den wir im Winter über auch fleißig getrunken haben. Frau Bach weckte mich morgens, damit ich meinen Bus nach Frankfurt nicht verpasste. Die Wohnung in Neuenhain war insofern vorteilhaft, dass der Königsteiner Bus abends zeitig zurückfuhr, sodass ich vom Frankfurter Nachtleben abgehalten wurde; ich konnte mich ganz dem Studium widmen.

Das vierte und fünfte Semester nutzte ich, um notwendige Hauptseminare zu absolvieren, die ich erledigt haben musste, um nach dem fünften Semester meine Diplomarbeit ziehen zu können. Die Voraussetzungen waren erfüllt, und ich meldete mich im Prüfungsamt an. Das Verfahren lief wie folgt:

Das Prüfungsamt lud die Diplomarbeits-Kandidaten zur Ziehung ein. Es gab zwei Themen zur Auswahl, die keine war (zu einer Wahl gehören drei Vorschläge). Die Themen wurden nicht gleichzeitig vorgelesen, sondern nacheinander. Wollte man das erste Thema nicht wählen, so musste man das zweite nehmen (tolle Wahl). Der erste Themenvorschlag war: „Zusammenhänge zwischen Vermögens- und Kostenstruktur“ aus der Allgemeinen Betriebswirtschaftslehre. Nun, was tun? Nach kurzer Überlegung sagte ich ja dazu, denn ich wollte der Gefahr aus dem Wege gehen, beim zweiten Vorschlag ein noch komplizierteres Thema zu bekommen.

Nun hatte ich das Thema meiner Diplomarbeit. Tief durchatmen und überlegen, wie ich vorgehen sollte. Es war Ende Februar 1959. Für das Anfertigen der Diplomarbeit hatte man sechs Monate Zeit. Zielgerichtete Literatur zu meinem Thema gab es nicht. Einzelne Abhandlungen über Vermögens- und Kostenstrukturen gab es zur Genüge, aber wie ich die Zusammenhänge aufzeigen sollte, war mir zunächst schleierhaft. Ich musste also selbst Zusammenhänge definieren und konstruieren, eine echte wissenschaftliche Arbeit – eigentlich eine Dissertation. Nachdem ich ungefähr wusste, wie ich die Arbeit schreiben wollte, und eine grobe Gliederung angefertigt hatte, fuhr ich mit dem Bus nach Berlin zum Endspiel, um die deutsche Fußballmeisterschaft zwischen Eintracht Frankfurt und Kickers Offenbach; Frankfurt gewann 5:3. Auf der Hin- und Rückfahrt hatte ich Gelegenheit, über meine Gliederung der Diplomarbeit nachzudenken.

In Neuenhain wieder angekommen, ging es an die handschriftliche Ausarbeitung meines Themas. Als Richtschnur galten 100 Schreibmaschinenseiten inkl. Korrekturrand. Da ich selbst nicht maschinell schreiben konnte, schrieb ich alles von Hand. Meine Reinschrift brachte ich dann peu a peu zu einer Dame nach Frankfurt, die für DM 1,-- je Seite meine Arbeit abtippte. Die Arbeit musste gebunden in zweifacher Ausfertigung beim Prüfungsamt mit folgender Erklärung eingereicht werden:

Ich versichere hiermit ehrenwörtlich, dass ich die vorliegende Arbeit selbstständig und nur unter Benutzung der angegebenen Literatur und Hilfsmittel angefertigt habe. Sämtliche Entlehnungen sind unter Quellenangabe kenntlich gemacht. Die Arbeit hat in gleicher oder ähnlicher Form noch keiner anderen Prüfungsbehörde vorgelegen. Frankfurt, den 27.8.1959, Unterschrift.

Es klappte alles, ich hielt mich strikt an die obige Erklärung und gab die Arbeit pünktlich ab. Jetzt waren noch zwei Semester Zeit, um sich aufs Examen vorzubereiten, da ich nach acht Semestern die Diplomprüfung ablegen wollte. Voraussetzung für die Prüfungsanmeldung war die Annahme der Diplomarbeit. Darauf wartete ich jetzt gespannt. Jetzt ging's erst mal zum Repetitor, und zwar für Allgemeine BWL, VWL und Recht. Diese Herren waren gegen Bezahlung hilfreich, da sie Ahnung vom Prüfungsstoff hatten und ihn uns Studenten in geballter und geordneter Form beibrachten. Dabei ging es sehr schulisch mit Abfragen und Wiederholungen zu. Wir, Wissenbach, Holzhaus (unsere wunderschöne Kommilitonin), Thöne und ich schlossen uns als Lernteam zusammen. Die Ausarbeitungen der Repetitorlektionen teilten wir uns, sodass nicht jeder alles machen musste.

Auch privat war das Jahr 1959 ereignisreich. Mit meiner Ex-Freundin Ruth bin ich noch einmal näher zusammengekommen; wir hatten eine kurze Affäre, die abermals zur Trennung führte. Im November kam es dann zur schicksalhaften Begegnung mit Anny. Sie war Floristin und hat ihrer Verwandtschaft in Nassau bei der Grabpflege geholfen. Am Buß- und Bettag regnete es. Die Nassauer Kumpels riefen an und fragten nach der Gestaltung des Nachmittags. Wir verabredeten uns zum Kegeln. Dabei waren: Pat Motz mit Freundin Ursula Schönhaber, Karl-Heinz van Bracht mit Schwester Irma (die Sekretärin meines Vaters), Gertrud und Wolf Förderer, Alex Höhn mit Freundin Christine; etwas verspätet kamen Erich Bruchhäuser mit Freundin Christel Fiedler und Anny Müller, die Tante von Christel (Generationsverschiebung). Als Letztere die Kegelbahn betraten und ich Anny sah, beschloss ich innerlich sofort, sie zu heiraten – Liebe auf den ersten Blick. Ich bot ihr den Platz neben mir an, sie stimmte zu, und sofort begann ich zu flirten. Der Abend lief zu meiner Zufriedenheit, wir gingen froh gelaunt auseinander.

Im Dezember machte die Kumpeltruppe in Nassau aus, Silvester 59/60 in Steinen (Westerwald) zu feiern. Ich sagte damals zu Christel Fiedler, sie möge sich darum kümmern, dass Anny Müller aus Massenheim auch mitkommt. Sie schrieb an Anny: „Mein Erich kommt und Deiner auch!“ Wenn Anny keine Sympathie für mich empfunden hätte, wäre sie wahrscheinlich nicht mit nach Steinen gekommen. Als ich meiner Mutter sagte, dass ich mit den Kumpels im Westerwald Silvester feiern wollte, antwortete sie überrascht: „Du kannst nicht mitfahren, du hast keinen Schlafanzug!“ Welcher 23jährige Mann braucht einen Schlafanzug? Wir gingen ziemlich laut auseinander. Ich jedenfalls fuhr nach Steinen. Im Nachhinein betrachtet wäre ich Anny, meiner heutigen Frau, nie näher gekommen, wenn ich auf meine Mutter gehört hätte. Die Geschichte nahm ihren Lauf. Wir hatten einen tollen Jahresübergang. Außer Förderers war niemand verheiratet, die übrigen Paare aber fest engagiert. Anny und ich haben zwar zusammen geschlafen, aber ohne Sex; Petting war angesagt.

Das Jahr 1960 hatte zwei Schwerpunkte: Zum einen die Examensvorbereitungen und zum anderen Treffen mit Anny. Abwechselnd habe ich die Wochenenden in Massenheim und in Nassau verbracht. Mittlerweile war meine Diplomarbeit angenommen und mit befriedigend bewertet worden. Die Annahme der Diplomarbeit war Voraussetzung für die Prüfungsanmeldung. Jetzt wurden alle Lernanstrengungen für die Prüfung unternommen. Außer einem heimlichen einwöchigen Urlaub mit Anny galt mein ganzes Streben dem zielgerichteten Lernen fürs Examen. Als Pflichtstudium galten acht Semester, die ich nach dem Sommersemester 1960 erfüllt hatte. Also meldete ich mich zur Prüfung im neunten Semester an. Überraschenderweise kam noch eine Hochzeit dazwischen, nämlich meine eigene. Ende Oktober rief Anny mich an und berichtete von ihrer Schwangerschaft. Ich sagte ihr am Telefon, sie solle sich freuen, wir würden heiraten.

Hochzeitstermin war der 17.12.1960. Examensklausuren fanden in den beiden letzten Januarwochen 1961 statt. Um die Hochzeitsvorbereitungen habe ich mich kaum gekümmert. Das Aufgebot haben wir in Nassau bestellt. Die kirchliche Trauung sollte in Oberlahnstein bei Pfarrer Fey stattfinden. Ich zog mich zurück nach Neuenhain und habe fleißig fürs Examen gelernt. Die Hochzeit verlief glatt und harmonisch. Morgens in Nassau auf dem Standesamt wurde der rechtliche Teil der Trauung vollzogen. Nachmittags ging's in die evangelische Kirche nach Oberlahnstein. Leider konnte Pfarrer Fey, der mich konfirmiert hat, die Trauung wegen Krankheit nicht vornehmen. Pfarrer Strack von Niederlahnstein hat ihn vertreten. Danach versammelte sich die Hochzeitsgesellschaft im Lokal „Zur Lahnbrücke" zum Feiern. Die Gastwirtschaft wurde von Tante Rose zusammen mit ihrem zweiten Mann Erich Biermann betrieben. An der Feier nahmen teil:

Wir selbst natürlich
Unsere beiderseitigen Eltern
Annys Geschwister mit Ehepartnern
Mein Bruder mit Freundin, meine Großeltern
Onkel Walter mit Tante Lotti

Meine Cousins Bruno, Jürgen mit Freundin und Egon
Annys Patin mit Mann

Unsere Hochzeitsnacht haben Anny und ich im Hotel Becker in Niederlahnstein verbracht. Sonntags ging's zurück nach Massenheim und zur kleinen Nachfeier mit den Nachbarn in der Neugasse. Da wir noch keine eigene Wohnung hatten, haben uns Annys Eltern ihr Schlafzimmer im Parterre zur Verfügung gestellt und sind selbst nach oben in eine Dachkammer gezogen; eine großartige Geste. Anstatt Flitterwochen bin ich gleich montags wieder allein nach Neuenhain verschwunden, um die Examensvorbereitungen abzuschließen.

Das schriftliche Prüfungsprogramm sah sechs fünfstündige schriftliche Klausuren vor. Am 20. Januar 1961, meinem Geburtstag, saß ich im Prüfungsraum der Uni und schrieb die anstehende Klausur. Ganz besonders stolz war ich auf meine Steuerklausur, da ich als Einziger das schwerste Thema zur Zufriedenheit des Referenten bearbeitet habe (was er mir später bestätigt hat). Nach den sechs Klausuren waren meine Mitprüflinge und ich ziemlich ausgepowert und leergeschrieben. Nun war hoffnungsvolles Warten auf das Bestehen oder Nicht-Bestehen der Klausuren angesagt. Es dauerte nicht lange, dann kam der Bescheid über die bestandene schriftliche Prüfung mit der Einladung zur mündlichen am 20. und 21. Februar, sieben mündliche Prüfungen mit Öffentlichkeit von je einstündiger Dauer für vier Kandidaten.

Die amüsanteste Stunde begann morgens um 8 Uhr bei Prof. Hagenmüller in Allgemeiner Betriebswirtschaftslehre. Die Prüfungskommission bestand aus dem Prüfer und zwei Beisitzern. Außerdem saßen im Zuschauerraum interessierte Studenten, die sich das Verfahren schon mal anschauen wollten. Hagenmüller begrüßte alle Anwesenden und sagte mit ernster Stimme: „Wer die erste Frage nicht beantworten kann, bekommt gleich eine Fünf!" Uns rutschte das Herz in die Schuhe, was würde da bloß kommen? Mit einem Lächeln auf den Lippen fragte er: „Wie hat die Eintracht gestern gespielt?" Uns fiel ein Stein vom Herzen, wir konnten die Frage beantworten. Dieser Prüfungseinstieg hat uns für den ganzen Tag aufgelockert. Meiner Meinung nach hat unsere wunderschöne Cläre Holzhaus auch viel zur guten Stimmung beigetragen, da einige Professoren mehr mit ihr geschäkert als geprüft haben.

Im Gegensatz zu Hagenmüller, der uns auf eine Zwei geprüft hatte, kam zum Schluss der Volkswirt Wehrle, der uns auf eine Fünf prüfte; zumindest mich, da ich sein Klausurthema nicht schriftlich bearbeitet hatte. Am zweiten Tag stand nur noch Prof. Schlochauer mit Öffentlichem Recht zur Prüfung an. Der Vorsitzende der Prüfungskommission wünschte uns für den zweiten Tag noch Erfolg und ließ mit einem Zwinkern durchblicken, dass nichts mehr passieren könnte. So war es auch. Am 21.2.1961 wurde unserer Prüfungsgruppe das Zeugnis überreicht und uns der akademische Grad „Diplom-Kaufmann" verliehen.

BERUFSANFANG, TREUARBEIT, WOHNUNGSBAU

Die Welt stand mir offen Herz, was willst du mehr? Jetzt kam die Berufswahl auf den Plan. Anny war schwanger, ich musste sehen, dass ich Geld verdiente. Was tun? Da kam mir ein Brief von Prof. Birck, der mich im Examen in Treuhandwesen mündlich geprüft hatte, zu Hilfe. Er stellte sich bei mir als Niederlassungsleiter der größten Treuhandgesellschaft, Treuarbeit, vor. Weiter schrieb er, dass er mich in der Prüfung kennengelernt und einen guten Eindruck von mir hätte. Ob ich nicht in seiner Gesellschaft zunächst Prüfungsassistent werden wolle, was ein guter Einstieg in die Laufbahn des Wirtschaftsprüfers und des Steuerberaters sei. Ich hatte von Kommilitonen gehört, dass dieser Weg aussichtsreich bei nicht schlechtem Gehalt verlaufen könnte. Ich fühlte mich begehrt, zumal ein Professor mich angeschrieben hatte. Beeindruckt von diesem Angebot bewarb ich mich dann im März 1961 bei der Deutschen Revisions- und Treuhandgesellschaft (Treuarbeit).

Ich bekam schnell einen Vorstellungstermin und wurde von Dr. Meyer, dem stellvertretenden Niederlassungsleiter, empfangen. Wir unterhielten uns halb dienstlich und halb privat. Während des Gesprächs gewann ich den Eindruck, dass Dr. Meyer mich einstellen wollte, und zwar in der Bankabteilung. Wir wurden uns einig und verhandelten über mein Anfangsgehalt. Dabei hat mich Dr. Meyer quasi über den Tisch gezogen. Auf die Frage, was ich verdienen wolle, sagte ich nach der damals üblichen Taxe: „DM 700,-– monatlich.“ Dr. Meyer spielte den Überraschten und meinte, das sei sehr hoch. In der Treuarbeit fange man allgemein mit DM 650.-- an, wobei man bei Eignung sehr schnell höher käme und außerdem berücksichtigen sollte, dass das Gehalt dreizehnmal gezahlt werden würde; ferner sei eine Abschlussvergütung erreichbar. Ich wollte nicht ohne weiteres zustimmen und bemerkte, dass wir ja nicht weit auseinander lägen. Nach kurzer Denkpause meinte Dr. Meyer, wir könnten uns in der Mitte, also bei DM 675,-- treffen. Ich schlug ein, hatte aber nicht bedacht, dass die damalige Beitragsbemessungsgrenze bei DM 660,-- lag. Als Folge kam ich nicht in die gesetzliche Krankenversicherung, sondern musste mich freiwillig privat krankenversichern. Das war natürlich teurer als die gesetzliche Versicherung. Später wurde dann die gesetzliche Krankenversicherung wieder geöffnet, sodass ich eintreten konnte.

Mein Eintritt in die Bankenabteilung ab 01.04.1961 war vom Zeitpunkt her ungünstig, da die Bankprüfungen im Frühjahr bereits abgeschlossen waren. Wohin mit mir? Ich wurde der sogenannten Fertigkontrolle zugeordnet. Hier wurden die fertiggeschriebenen Prüfungsberichte, nachdem sie die fachliche Kritik durchlaufen hatten, auf ihre formelle Richtigkeit durchgesehen. Man las sich die Berichte gegenseitig vor, um Manuskript gegen fertiges Exemplar auf textliche Vollkommenheit zu prüfen. Danach wurde das gesamte Zahlenmaterial des Berichts (Tabellen, Aufstellungen und Berechnungen) auf Stimmigkeit untersucht. Alle Berichte wurden erst nach der Fertigkontrolle an die Mandanten ausgeliefert. Dieses Verfahren hatte den Vorteil, dass die geprüften Unternehmen fast nie einen Grund zur Beanstandung hatten. Die Tätigkeit in der Fertigkontrolle hatte auch für mich einen großen Vorteil, weil ich mich frühzeitig mit der vom Arbeitgeber gewünschten Berichterstattung vertraut machen konnte.

Im Juli 1961 kam unsere Tochter Ulrike zur Welt. Die Treuarbeit honorierte mein Engagement in der Fertigkontrolle insofern, als sie mir den Geburtshilfebeitrag von DM 300,-- zahlte, obwohl ich noch in der Probezeit war; normalerweise gab es diesen Bonus nur, wenn man dem Unternehmen bereits sechs Monate angehörte. Ich habe diesen Bonus für ein Geschenk an Anny verwandt.

Meinen ersten Prüfungseinsatz bekam ich im Sommer. Zusammen mit Dr. Petry habe ich in Mainz bei einer Kreditgarantiegemeinschaft debütiert. Da Mainz mehr als 30 Kilometer von Frankfurt entfernt war, gab es zum Gehalt den vollen Spesensatz (Tag und Nacht). Dadurch war ich in der Lage, meine Frau ein paar Mal zum Mittagessen einzuladen. Damals kosteten die teuren Essen im Lokal etwa DM 6.--, was zu dem ironischen Prüferspruch führte: „Immer diese Sechsmarksessen!"

Im Oktober 1961 ging es mit einer Großbankprüfung richtig los, und zwar bei der Helaba (Hessische Landesbank) in Frankfurt. Die Helaba als Spitzeninstitut der hessischen Sparkassen unterliegen einer Prüfung dritten Grades, d.h. neben den formellen und fachlichen Prüfungen unterlag die Halaba als Öffentlich-Rechtliches Institut auch der Beurteilung der ordnungsgemäßen Geschäftstätigkeit. Fast alle Regelungen, die Banken betreffen, sind im Kreditwesengesetz (KWG) niedergelegt.

Die jährliche Kreditprüfung bei der Helaba fand nach dem Buchungsstand vom 30. September statt. Bei der Vielzahl der Kredite hatte der Prüfungsleiter (Herr Wolf) der Bank vorher mitgeteilt, ab welcher Engagementhöhe wir in diesem Jahr prüfen wollten. Die Innenrevision erstellte daraufhin mit der Kreditabteilung die einschlägigen Kreditprüfungsbögen und stellte sie uns mit den zugehörigen Akten zur Verfügung. In den Kreditbögen waren dargestellt:

- die beiden letzten Bilanzen des Kreditnehmers
- die Kreditsicherheiten
- die Konzernzugehörigkeit des Kreditnehmers
- eine Beurteilung der Fachabteilung
- der vorgesehene Bilanzausweis.

Neben dem Prüfungsleiter Wolf gehörten zum Team die Herren Schlipköter, Montag, Küsel und ich. Wir, das Prüferteam, hatten zu beurteilen, ob das Engagement ordentlich genehmigt war, der Kreditnehmer eine ausreichende Kreditwürdigkeit besaß, die Sicherheiten ausreichten oder Wertberichtigungsbedarf bestand. Außerdem hatten wir uns zum vorgesehenen Bilanzausweis zu äußern. Die Helaba-Prüfung fand vorwiegend in Frankfurt statt. Hier gab es für uns Prüfer nur so genannte Stadtspesen von DM 8,-- pro Tag. Einerseits war man gerne in Frankfurt, weil man abends nach Hause zu Frau und Kind kam. Auf Reisen hat man sich aber auch wohlgefühlt, da man sich durch die Spesen (Tag und Nacht) einiges leisten konnte. Die finanziellen Nachteile in Frankfurt wurden teilweise durch Einladungen zum täglichen Kantinenessen und Kaffee (Helaba) kompensiert.

Der Hauptsitz der Treuarbeit befand sich in der Bockenheimer Anlage unweit hinter der Alten Oper. Da ich noch keinen Führerschein hatte, fuhr ich mit dem Postbus ab der

Schlagmühle (bis dahin zu Fuß) nach Hofheim, von dort mit der Bundesbahn nach Frankfurt und weiter mit der Straßenbahn zum Opernplatz. Durch die Goethestraße war die Helaba dann kurzzeitig zu erreichen. Wenn man in der Treuarbeit-Zentrale zu tun hatte, konnte man dort in der Kantine ein Mittagessen zum Preis von DM 0,30 einnehmen. Vor- und nachmittags wurden die Mitarbeiter von Frau Keitel mit Kaffee versorgt; nur Spesen gab's keine, weil man honorarmäßig nicht produktiv war. Jeder Prüfer erhielt als Handwerkszeug den „Blauen Heinrich". Dieses Buch hatte den Titel „Die Bankbilanz", herausgegeben von Prof. Dr. Heinrich Birck (wir erinnern uns an meinen Prüfer beim Staatsexamen). Die Industrie-Prüfer-Kollegen wurden mit dem ADS (Adler-Düring-Schmalz) ausgestattet, dem Pendant zur Bankbilanz. Vor meiner Zeit war zumindest Herr Wirtschaftsprüfer Dr. Adler Vorstandsmitglied der Treuarbeit.

Als Anfänger bzw. Neuling durfte ich zunächst Hypothekar-Kredite prüfen, da dort das Risiko relativ gering war. Hypotheken sind grundsätzlich mit Pfandbriefen (mündelsicher) refinanziert und dinglich im Grundbuch des Schuldners eingetragen. Außerdem sind sie streng akzessorisch, d.h. an eine bestimmte Forderung gebunden. Die erste Hypothek durfte 60% des Beleihungswertes nicht überschreiten, damit sie in der Bilanz unter der Position 13a ausgewiesen werden konnte. Der Beleihungswert wurde verfahrensmäßig als Mittel aus Sach- und Ertragswert des Objekts ermittelt. Als Kreditprüfer musste man sich ein Urteil bilden, ob die ermittelten Werte realistisch und vertretbar erschienen. In die Beurteilung des Sachwertes gingen ein:

- Kaufpreis bzw. Wertschätzung des Grundstücks
- Erschließung des Grundstücks
- Ausstattung des Gebäudes
- Verkehrsanbindung und dgl.

Für den Ertragswert galten hauptsächlich die Parameter

- erzielbare Miete
- Einkommen bzw. Vermögen des Schuldners
- Lage
- Vergleichsmieten.

Die Darlehen wurden nach Baufortschritt ausgezahlt. Bei einem Institut wie der Helaba wurden zumindest alle Kredite ab 1 Million DM geprüft, da diese Darlehen auch meldepflichtig waren. In der so genannten Millionenliste waren die Ausleihungen aller Banken an denselben Kreditnehmer aufgezeichnet (ohne Nennung der Bank), sodass jeder Kreditgeber und die Aufsichtsbehörde über das Obligo jedes Schuldners im Bilde war.

Die Beurteilung der Kommunaldarlehen (an öffentlich-rechtliche Institutionen) war weniger problematisch. Diese Kredite wurden an Kommunen oder sonstige öffentlich-rechtliche Körperschaften ausgelegt bzw. von ihnen verbürgt; sie waren unter der Bilanzposition 13b auszuweisen. Bei den Kommunaldarlehen hatte ich im Wesentlichen darauf zu achten, dass alle erforderlichen Beschlüsse seitens der Kreditnehmer und der Bank vorlagen. Bonitätsmäßig gab es wenig bis nichts zu prüfen. Der Kreditnehmer hatte vorzulegen:

- Beschlussfassung des zuständigen Gremiums
- Genehmigung durch die Aufsichtsbehörde
- Darstellung des zu finanzierenden Projekts
- Angaben über die Rentierlichkeit der Maßnahme.

Von Seiten der Bank waren natürlich auch die notwendigen Beschlüsse der Gremien nachzuweisen (Vorstand und Kreditausschuss des Verwaltungsrates).

Die LKK (Landeskreditkasse in Kassel) war eine Niederlassung (früher selbstständig) der Helaba. Bei ihr waren natürlich auch die Kredite vor Ort zu prüfen. Unser Prüfungsteam reiste nach Kassel und war vier Wochen dort mit dem umfangreichen Kreditgeschäft befasst. Finanziell war dieser Einsatz sehr willkommen, weil es volle Spesen gab, von denen man in Kassel gut leben konnte und noch etwas übrig hatte. Mit dem Ende des Jahres 1961 fand auch die Kreditprüfung ihren Abschluss. Ohne Unterbrechung ging es dann bei der Helaba mit der Jahresabschlussprüfung zum 31.12.1961 weiter. Alle Banken waren bestrebt, ihre Abschlüsse möglichst rasch der Öffentlichkeit vorzustellen, um sich – wie sie dachten – einen Imagegewinn zu verschaffen. Ganz verrückt war die Halaba (Hamburgische Landesbank). Sie präsentierte immer ihren Jahresabschluss am 15. Januar des neuen Jahres, ohne zu erwähnen, dass sie ab 15.12. des alten Jahres einen Buchungsschnitt verfügte.

Die Helaba-Innenrevision hat den von der Bilanzabteilung erstellten Jahresabschluss vorgeprüft und uns vorgelegt. Als Prüfungsassistent musste ich mich mit der Gewinn- und Verlustrechnung befassen, d.h. mit Erträgen und

Aufwendungen. Für Aufwendungen ab einer bestimmten Höhe mussten entsprechende Gremienbeschlüsse vorliegen. Bei den Personalkosten galt es zu beurteilen, ob die zugehörigen Sozialabgaben richtig berechnet und abgeführt waren. Selbstverständlich konnten bei einem großen Institut wie der Helaba nur ausgewählte Stichproben zur Prüfung herangezogen werden; Vorstandsgehälter wurden in jedem Fall auf ihre vertragsgemäße Abwicklung geprüft. Hier wurde auch untersucht, ob Kredite an den Vorstand gegebenenfalls als Organkredite gemeldet waren.

Die Landesbausparkasse Hessen ist zwar eine rechtlich nicht selbstständige, aber als Institut eigen bilanzierende Hauptabteilung der Helaba. In der konsolidierten Helaba-Bilanz war die LBS-Bilanz zusammengefasst aufgeführt. Natürlich hatten wir von der Treuarbeit auch die LBS im Einzelnen zu prüfen und einen separaten Bericht zu erstatten.

Gegen Ende der Gesamtprüfung bekam ich die Aufgabe, alle Positionen des Jahresabschlusses in einer vorläufigen Bilanz zusammenzustellen. Nach vielfältigen Versuchen kam ich immer wieder auf dieselbe Differenz. In meiner Verzweiflung bat ich meinen Mentor Schlipköter um Hilfe. Er fragte mich lakonisch, wie hoch denn der Gewinn sei. Da ging mir ein Licht auf. Meine immer wiederkehrende Differenz war der Gewinn, den ich in meiner Zusammenstellung vergessen hatte – ich war erleichtert.

Im April 1962 war meine erste Prüfung beendet. Was nun? Erst mal Führerschein machen. In Flörsheim bei der Fahrschule Schneider meldete ich mich an, und zwar für die Klassen 3 (PKW) und 1 (Motorrad). Nach zehn Fahrstunden war ich prüfbereit. In der theoretischen Prüfung mussten Fragebogen nach der Multiple-Choice-Methode beantwortet werden. Der Prüfer hatte sich verspätet. Während alle Prüflinge nervös auf ihn warteten, bin ich dank meiner guten Nerven in der Sitzbank eingeschlafen. Mit Gelächter hat man mich geweckt und dann ging's los. Die Auswertung der Fragebögen verlief zu meiner und des Prüfers Zufriedenheit. Die PKW-Fahrprüfung lief ebenfalls glatt. Für den Motorradführerschein musste ich auf der Straße vor der Fahrschule zwei 8er drehen, die gelangen. Nach einer positiven Bremsprobe hatte ich auch diese Prüfung bestanden. Danach haben Anny und ich uns für DM 1.500,-- einen Borgward-Isabella gekauft.

Jetzt konnte ich mit dem Auto zum Dienst fahren und musste nicht umständlich drei Verkehrsmittel benutzen, die insgesamt viel Zeit kosteten. Damals konnte man noch für Fahrten zur Arbeitsstelle DM 0,50/km steuerlich als Werbungskosten geltend machen. Bei auswärtigen Prüfungseinsätzen, zu denen man mit dem eigenen PKW fuhr, konnten die gleichen Pauschalen als Fahrkostenersatz abgerechnet werden (steuerfrei).

Da ich durch meine Arbeit in der Fertigkontrolle auch guten Kontakt zur Industrieabteilung der Treuarbeit hatte, wurde ich im Frühjahr und Sommer 1962 dort eingesetzt. Das hat meinen Fachhorizont enorm erweitert. Mandant war die Einfuhr- und Vorratsstelle (EVSt) der Bundesrepublik für Getreide, Fette und Zucker. Zunächst war ich prüfungsmäßig der Sparte Getreide zugeteilt. Hier wie in allen anderen Sparten galt es, die Einhaltung der genehmigten Kontrakte zu überwachen und auf ordnungsgemäßes Wälzen der Vorratsware zu achten. Da unser Staat der Landwirtschaft gegenüber eine Abnahmegarantie eingegangen ist, mussten bei Überproduktion Vorräte angelegt werden – man denke beispielsweise noch an den berühmten „Butterberg“, den man nach Ablauf der Lagerdauer zum Preis von DM 1,--/kg an Russland verkauft hat; den deutschen Bürger kostete leider das Kilo Butter nach wie vor rund DM 8.--.

Nach der EVST ging es im Herbst 1962 wieder zur Helaba. Sie kam damals noch mit fünf Vorstandsmitgliedern aus. Sprecher des Vorstandes war Staatssekretär a.D. Dr. Lauffer. Das langfristige Aktiv- und Passivgeschäft wurde von Dr. Baumann betreut. Dem kurzfristigen Kreditgeschäft, dem Zahlungsverkehr und dem Rechnungswesen stand Herr Feldmann vor. Dr. Finster betreute die Landestreuhandstelle und Herr Seeliger führte die LKK in Kassel. Im nun zweiten Jahr meiner Prüfungstätigkeit avancierte ich innerhalb des Helaba-Teams zum Prüfer. Dementsprechend musste ich auch schwierigere Aufgaben im Kreditgeschäft und beim Jahresabschluss übernehmen. Ich erzielte schnell Fortschritte. Weiterbildung wurde in der Treuarbeit sehr gefördert. In Seminaren und auf Tagungen haben die Vorgesetzten über Gesetzesänderungen, Prüfungstechnik und Berichtswesen referiert. Das zweite Jahr bei der Helaba konnte ich erfolgreich beenden.

Das Jahr 1963 verlief sehr abwechslungsreich, aber auch schwierig. Die Wohnungsfrage stand auf der Tagesordnung. Wir waren zu dritt, Anny, Ulrike und ich. Auf Dauer konnten wir nicht im Häuschen meiner Schwiegereltern bleiben. Eine Wohnung im Ort zu mieten war aus finanziellen Gründen kaum zu bewerkstelligen. Wir entschlossen uns daher, die Scheune im hinteren Teil des Grundstücks in eine Wohnung umzubauen. Zunächst musste die

Grundstücksfrage geklärt werden. Annys Geschwister hatten bereits eigene Häuser. Das Grundstück Neugasse 11 gehörte meiner Schwiegermutter. Wir kamen überein, dass Anny das Grundstück kaufte, die Geschwister auszahlte und den Schwiegereltern ein kostenloses lebenslanges Wohnrecht im Vorderhaus eingeräumt wurde. Gedacht, getan.

Der Anschlagpreis wurde auf DM 12.000,-- festgelegt; d.h., Anny, Kurt, Gisela und Ernst sollten je DM 3.000,-- erhalten. Zahlbar in zwei Hälften, und zwar bei Vertragsabschluss den ersten Teil und beim Ableben der Schwiegereltern den zweiten Teil. Als Gesamtkosten für den Ausbau hatten wir TDM 30 bis TDM 35 geplant, wobei ein erheblicher Teil an Eigenhilfe hinzukam. Die Finanzierung hatte ich wie folgt geregelt:

DM

- Zinsloses Arbeitgeberdarlehen 15.000,--
- Darlehensanspruch aus Bausparvertrag 15.000,--
- Main-Taunus-Kreis, Darlehen Junge Familie 5.000,--
- meine Eltern 2.000,--

Ausführung:

- Scheunendach und Gebälk abreißen – Familie
- Trümmerbeseitigung – Familie und Nachbar
- Erste Fertigdecke – Familie und Nachbar
- Erster Stock hochmauern – Unternehmer

- Wasserleitung – Verwandter
- Stromversorgung – Schwager
- Estrich und Treppe – Cousin von Anny
- Zimmerarbeiten – Unternehmer
- Oberdecke, Schlackenbeton – Familie
- Tapete und Holzdecken – Anny und Erich
- Kanalverlegung – Erich

Wie schon gesagt, konnte ich durch meine frühere Tätigkeit am Bau vieles selbst erledigen.

Während der Bauzeit war ich von April bis Oktober 1963 in Berlin zur Prüfung der Senatsreserve eingesetzt. Um einer nochmaligen Blockade durch die Sowjets vozubeugen, legte die westdeutsche Regierung unter Kanzler Adenauer die Senatsreserve in Berlin an. Eingelagert waren dort alle notwendigen Waren in einem Wert von insgesamt 2,5 Mrd. DM, sodass das Leben in Berlin sechs Monate ohne Wareneinfuhr normal weiter gehen konnte. Vor allem im Konsumgüterbereich mussten die Vorräte wegen der Verderblichkeit natürlich in vertretbaren Zeitabständen gewälzt werden. Die Firmen waren verpflichtet, die Vorratswaren in ihren eigenen Bestand zu übernehmen und zu verkaufen sowie in gleicher Höhe Vorräte im Senatslager anzulegen. Für die neuen Vorräte konnten die Firmen Kredite aufnehmen, wofür die Regierung die Zinsen zahlte. Wir als Treuarbeit waren beauftragt, die ordnungsgemäße Verwaltung der Reserve zu überprüfen. Vom Schnuller über Kaugummi bis zum Eisenträger war in Berlin alles bevorratet, sodass das Leben normal weiterging.

Auch privat war der Einsatz in Berlin sehr lukrativ. Aufgrund der besonderen Verhältnisse dort hatte die Regierung den Lohnsteuersatz um 1/3 gesenkt. Ich konnte den vollen Spesensatz abrechnen und kassierte für alle Dienstfahrten das erlaubte Kilometergeld. Alle vier Wochen zahlte die Treuarbeit einen Wochenendflug. Zwischendurch bin ich jedes Wochenende auf eigene Kosten nach Hause gefahren, um auf unserem Bau zu arbeiten. Finanziell bedeuteten die Heimfahrten keinen Mehraufwand, weil ich die Spesen durchrechnen durfte. Zwischendurch besuchte mich Anny einige Mal. Zusammen nahmen wir am Berliner Kulturleben teil. Wir sahen „Anni get your gun" und „My fair Lady". In der Komödie am Kudamm erlebten wir Harald Juhnke und Grit Böttcher. Mittagessen am Müggelsee, Kaffeetrinken auf dem Funkturm und Besuche im KdW gehörten ebenfalls zum Besuchsprogramm. Anny fuhr entweder montags mit mir nach Berlin, blieb einige Tage und reiste mit dem Zug zurück. Alternativ dazu kam Anny mittwochs mit dem Zug nach Berlin und fuhr mit mir freitags zurück nach Massenheim.

Nach Berlin ging es wieder zur Kredit- und Abschlussprüfung zur Helaba nach Frankfurt. Mittlerweile durfte ich alle Kreditarten prüfen und beurteilen. Da die Helaba und auch die LKK über hervorragende Bilanzabteilungen verfügten, gestalteten sich die Jahresabschlussprüfungen nicht sonderlich schwierig. Es ging bei den Schlussbesprechungen meistens nur um Ausweisfragen. Damals mussten die Banken noch Leerpositionen führen, was heute nicht mehr verlangt wird. Mittlerweile hatte Dr. Fleischer die Prüfungsleitung im Halaba-Team übernommen. Herr Montag war zum ersten und ich zum zweiten Prüfer avanciert. Herr Dr. Fleischer war ein strenger aber geselliger Typ, mit dem wir öfter zum „Äppelwoi“ in die Drohtstifte nach Sachsenhausen gingen.

Das Jahr 1964 lief nach der Helaba-Prüfung mit Einsatz in der Industrieabteilung wie geplant weiter. EVSt, Buderus und Schenker (Spedition) waren die Einsätze im Nichtbankenbereich. Besonders reizvoll gestaltete sich die Prüfung bei Schenker in Freiburg. Da Anny eine Woche mit in Freiburg war, konnten wir nach Feierabend einiges zusammen unternehmen. In Frankfurt bei der EVSt wechselte ich vom Getreidebereich in die Fettabteilung. Im privaten Bereich konnten wir in unsere weitgehend selbst gebaute Wohnung einziehen, die aus Küche, Bad, Schlaf- und Kinderzimmer sowie Wohnzimmer bestand. Unsere Wohnzimmereinrichtung war einfach und funktional. Zufrieden und glücklich haben wir ein zweites Kind geplant; dementsprechend gestalteten wir unser Zusammenleben. Endlich verfügten wir auch über ein eigenes Telefon; den eigenen Fernseher gab es erst 1966 – in schwarz-weiß.

Nach der Bankenprüfung im Jahre 1965 kam unsere zweite Tochter Martina im Mai zur Welt. Wir freuten uns sehr über ihr Erscheinen, weil sie geplant war. Bei der Helaba wurde ein neuer Sprecher des Vorstands installiert. Es handelte sich um Herrn Dr. Conrad, der als Finanzminister (SPD) in Hessen aus gesundheitlichen Gründen die Regierung verlassen hatte. Ob man dann den anspruchsvollen Posten eines Sprechers des Vorstands übernehmen kann, überlasse ich der geschätzten Ansicht des Lesers. Zuerst änderte der Verwaltungsrat der Helaba die Satzung. Es gab jetzt keinen Sprecher des Vorstandes mehr, sondern einen Präsidenten – na ja, wer‘s nötig hat. Als zweite Maßnahme wurde im Hauptgebäude ein Aufzug vom Parterre in die erste Etage gebaut, den nur der Präsident (Anordnung) benutzen durfte. Mit grüner Farbe schrieb nur der Präsident (Anordnung).

Neue farbige Aktendeckel je nach Sachgebiet und Eile waren zu verwenden, wenn der Inhalt für den Präsidenten bestimmt war. Eines Tages benutzte ein Gruppenleiter der Kreditabteilung den falschen Aktendeckel. Prompt bekam er den vom Präsidenten zerrissenen Deckel mit dem entsprechenden Kommentar zurück. Der Mitarbeiter rief im Sekretariat des Präsidenten an, entschuldigte sich für den Missgriff und bemerkte, es wäre doch aus Kostengründen nicht nötig gewesen, den Deckel zu zerreißen. Sofort wurde der Mitarbeiter vom Präsidenten angerufen und belehrt, dass er und seine Sekretärin keinerlei Kritik unterlägen. Ein anderer Mitarbeiter, der den Präsidenten mit Namen auf einem Vermerk anschrieb, erhielt den Hinweis, dass sich der Namen auf dem Vermerk erübrige, da es in der Bank nur einen Präsidenten gäbe. Soviel zu einem prominenten SPD-Mitglied.

Sehr zum Leidwesen meiner Frau habe ich mich in Massenheim um Kommunalpolitik gekümmert. Vorausgegangen waren Bescheide über Kanalgebühren, die viele Bürger für nicht gerecht hielten. Zusammen mit Willi Koschier haben wir für etwa vierzig Hauseigentümer Widersprüche gegen die Bescheide eingelegt. Der Widerspruchsausschuss des Kreises lehnte unsere Widersprüche ab, sodass wir vor dem Verwaltungsgericht in Frankfurt klagen mussten. Da dort noch kein Anwaltszwang bestand, bevollmächtigten uns die Kläger, sie vor dem Gericht zu vertreten. Auch das Verwaltungsgericht lehnte unsere Klagen ab. Wir zogen vor den Hessischen Verwaltungsgerichtshof.

Der Berichterstatter des VGH kam zur Anhörung nach Massenheim, konnte unseren Klagen aber auch nicht stattgeben, da das Preußische Kommunalabgabegesetz, das damals noch Gültigkeit besaß, Gebühren auch für das „Behalten“ eines Kanalanschlusses vorsah. Einen kleinen Erfolg konnten wir erzielen, weil der Berichterstatter vorgeschlagen hatte, 1/3 der Gebühren bis zum endgültigen Gerichtsentscheid zu stunden. Diesen Minivergleich nahmen wir an und erreichten somit etliche Jahre einen Zinsvorteil für das gestundete Drittel.

Mittlerweile hatte die SPD im Gemeinderat beschlossen, ein Mehrzweckhaus für DM 400.000,-- zu bauen. Das alte Rathaus war angeblich nicht mehr standesgemäß und sollte im neuen Mehrzweckhaus untergebracht werden. Außerdem waren dort zwei Wohnungen vorgesehen. Unser Einsatz für die Bürger in der Kanalsache und die Empörung über den Bau des Mehrzweckhauses verhalfen der Freien Wählergemeinschaft, der ich inzwischen als Vorsitzender angehörte, zum Wahlsieg bei der Kommunalwahl. Unsere FWG eroberte fünf der neun Gemeindevertretersitze im Parlament. Unglücklich dagegen war nur, dass die SPD im Gemeindevorstand (in größeren Städten der Magistrat) dank des hauptamtlichen SPD-Bürgermeisters die Mehrheit hatte.

Als erste Maßnahme (wie im Wahlkampf versprochen) verhängte die FWG aufgrund eines von mir verfassten Exposés zur Wirtschaftlichkeit des Mehrzweckhauses einen Baustopp. Daraufhin lud mich der Landrat des Main-Taunus-Kreises (DR. Jost – SPD) zu einem Gespräch ins Kreishaus ein. Dort angekommen, hatte sich der Landrat zur Unterstützung seines Vorhabens der Mitwirkung von

Schmidt-Vockenhausen (Vizepräsident des Deutschen Bundestages) versichert. Die beiden Herren schlugen mir vor: „Wenn Sie bei der SPD mitarbeiten, können wir dafür sorgen, dass Sie einen Vorstandsposten bei der Kreissparkasse bekommen.“

Das Angebot war reizvoll. Ich bat um Bedenkzeit und Stillschweigen, um die neue Situation mit meinem Umfeld abzuklären. Zur damaligen Zeit hatte ich bei der Treuarbeit ein Jahreseinkommen von rd. DM 24.000,--. Das Angebot des Landrats – er war Verwaltungsratsvorsitzender der Kreissparkasse – lief auf DM 60.000,-- Gehalt plus Dienstwagen und -wohnung hinaus. Gehaltlich hätte ich mich um das 2,5fache verbessert, Prestige und sonstige Annehmlichkeiten wären hinzugekommen. Anny und ich haben tagelang beraten, wie ich mich entscheiden sollte. Es war nicht einfach. Innerhalb der vier Wochen Bedenkzeit kam mir der Zufall zu Hilfe. Im Wirtshaus Schumacher hatten wir zu Abend gegessen. Auf dem Nachhauseweg kam uns Martin Geiwel – ein Schulkamerad von Anny – entgegen und fragte mich unverblümt, ob ich das Angebot des Landrats annehmen würde.

Jetzt war mir alles klar, der Landrat hatte mit den örtlichen Genossen geplaudert und über sein Angebot an mich gesprochen. Klar war auch, dass ich des Landrats Angebot nicht annehmen konnte, weil sonst jeder in Massenheim gesagt hätte, ich sei gekauft worden und hätte Wahlbetrug begangen. Meine Fraktion hatte mit fünf Abgeordneten gegenüber vier der SPD die absolute Mehrheit. Wenn ich zur SPD gewechselt hätte, wären die Mehrheitsverhältnisse im Parlament genau umgekehrt gewesen; das konnte ich aus Gewissensgründen nicht zulassen.

Trotz verpasster Steuerberaterprüfung ging es bei der Treuarbeit weiter bergauf. Meine erste selbstständige Abschlussprüfung hatte ich bei der Frankfurter Hypothekenkreditbank. Man war mit mir als Prüfungsleiter zufrieden. Wie schon früher erwähnt, stellte die Landesbausparkasse Hessen einen eigenständigen Jahresabschluss auf. Zu meiner großen Freude wurde ich jetzt auch hier von meinem Niederlassungsleiter zum Prüfungsleiter bestimmt. Ein Prüfungsassistent wurde mir außerdem zur Seite gestellt. Damit hatte ich mich neben der fachlichen Arbeit auch mit Personalführung zu befassen.

Das Kreditgeschäft der Bausparkasse ist ein geordnetes Schneeballsystem. Alle Vertragsinhaber sparen zunächst 40% der Vertragssumme an, um dann nach einer festgesetzten Wartezeit am sogenannten Zuteilungsverfahren teilnehmen zu können. Im Zuteilungsverfahren (viermal im Jahr) werden die Bausparer aus den angesparten Beträgen mit Bauspardarlehen bedient. Dabei werden nur die angesammelten Bausparguthaben zur Finanzierung der 60%igen Darlehensansprüche herangezogen. Alle zuteilungsreifen Bausparverträge, die bei der aktuellen Zuteilung nicht bedient werden können, wandern in die nächste Zuteilungsmasse. Zu meiner Zeit wurden die Bausparguthaben mit 3% verzinst und am Jahresende der Sparsumme zugeschlagen. Für die später zugeteilten Bauspardarlehen war ein festgeschriebener Zins von 5% zu entrichten. Die Darlehen mussten bei 80% der Beleihungsgrenze auslaufen und waren mit Eintrag im Grundbuch zu sichern. Als Abschlussprüfer hatten wir auch die Zuteilungsverfahren auf ordnungsgemäße Durchführung zu überprüfen. Die Tilgung der Darlehen war so bemessen, dass die Schuld nach zehn bis elf Jahren abgetragen war.

Nach den Bankabschlussprüfungen wurde ich dann auch zu Depotprüfungen eingesetzt. Für das Wertpapiergeschäft mit der Bankkundschaft werden Depots eingerichtet, und zwar Personen- sowie Sachdepots, auf denen spiegelbildlich gebucht wird; sie unterstehen auch unterschiedlichen Verwaltungen. Weiterhin gibt es verschiedene Lagerstätten, nämlich die Einzelverwahrung (Streifbanddepot) und die Sammelverwahrung (Sammeldepot). Der Depotprüfer hat sich von der ordnungsgemäßen Handhabung des Depotgeschäfts zu überzeugen, zu berichten und ggfs. auf Insidergeschäfte hinzuweisen.

Neben dem bisherigen Prüfungsgeschäft kam bei der Bankabteilung der Treuarbeit noch die Landsiedlung Koblenz hinzu. Zwei- oder dreimal bin ich dort zum Einsatz gekommen, was insbesondere im finanziellen Bereich sehr vorteilhaft war. Bei meinen Eltern in Nassau habe ich während der Prüfungen in Koblenz gewohnt, sodass ich die Übernachtungsspesen sparen konnte.

Zwischenzeitlich wählte mich die Treuarbeitsbelegschaft in den Betriebsrat. Die Arbeit dort war angenehm, weil man mit dem Vorstand auf sachlicher Ebene sehr gut zusammenarbeiten konnte.

Für die Industrieabteilung hatte ich zu der Zeit in Mainz beim Deutschen Weininstitut zu prüfen. Die dortige Geschäftsführung (Dr. Michel und Michael Baumann) waren mir schon von privater Seite bekannt; die Zusammenarbeit war ordentlich.

Im Jahre 1967 begann ich wieder Tennis zu spielen. In Hochheim war gerade ein Tennisverein gegründet worden, dem ich mich anschloss. Wir hatten zunächst einen Platz am Wasserturm in der Weststadt. Das Interesse am Tennissport war in Hochheim groß, sodass wir schon 1968 begannen, drei neue Plätze zu bauen. Wir haben viel in Eigenhilfe mitgestaltet. An der Umzäunung hatten Albert Müller, Willi Siegfried, Manfred Bär und Oskar Reitz gearbeitet, während Heinz Möhn und ich den Nasstrakt des Clubhauses gemauert haben. Besonders geschickt hat sich Dieter Chromik während dieser Bauzeit angestellt. Er erteilte nämlich Trainerstunden gegen Bezahlung, als Heinz und ich ehrenamtlich gemauert haben.

DIE VOG

Gegen Ende der 60er Jahre galt es, eine berufliche Entscheidung zu treffen. Blieb ich bei der Treuarbeit oder sollte ich mich anderen Aufgaben zuwenden? Um bei der Treuarbeit weiter nach oben zu kommen, hätte ich noch Fachprüfungen zum Steuerberater oder Wirtschaftsprüfer ablegen müssen. 1969 entschied ich mich, einen Beruf auf der „anderen Seite des Schreibtisches" zu suchen. Der Prüferberuf war zwar sehr interessant und vielseitig, aber es war für mich nicht ganz befriedigend, immer hinterher alles besser zu wissen. Ich wollte selbst Entscheidungen treffen, um ein Unternehmen weiterzuentwickeln. Ich reichte daher meine Bewerbungsunterlagen bei der ZAV (Zentralstelle für Arbeitsvermittlung) ein. Dort werden Akademiker und Führungskräfte vermittelt. Ich hatte Erfolg. Die ZAV empfahl mich der VOG (Vereinigte Großmärkte für Obst und Gemüse), die einen Bevollmächtigten für ein ausscheidendes Vorstandsmitglied suchte.

Bei einem Vorstellungsgespräch in Ingelheim sind wir uns grundsätzlich einig geworden. Daraufhin stellte ich mich dem dortigen Gesamtvorstand und dem Aufsichtsrat vor. Diese Gremien waren mit meiner Verpflichtung einverstanden. Folgende Aufgaben galt es zu erfüllen:

- verwaltungsmäßige und organisatorische Zusammenführung von bisher fünf Einzelgenossenschaften,
- Nachfolge des ausscheidenden Vorstandsmitgliedes Witte und
- warenwirtschaftliche Zentralisierung der Märkte.

Die VOG hatte erst kurz vorher die Märkte Ingelheim, Finthen, Heidesheim, Gau-Algesheim und Bingen-Büdesheim fusioniert. Die Aufgabe war reizvoll, sicher nicht einfach, aber finanziell für die damalige Zeit ordentlich (50% mehr als bei der Treuarbeit, dafür aber in der Saison auch Siebentage-Woche). Nach bestandener Probezeit fungierte ich zunächst als Bevollmächtigter, weil Genossenschaften damals noch keine Prokuristen bestellen konnten. Nach einem Jahr sollte ich in den Vorstand berufen werden.

Im April 1969 stürzte ich mich in die Arbeit. Ich hatte es insofern einfach, als die Zentralisierung der Märkte von oben her beschlossene Sache war. Der Vorstand bestand aus zehn Personen, und zwar zwei hauptamtlichen und acht ehrenamtlichen Mitgliedern. Dem Aufsichtsrat gehörten 16 Mitglieder an; jeder frühere Markt war entsprechend seiner Mitgliederstärke angemessen in diesen Gremien vertreten.

Wir waren in erster Linie ein Versteigerungsmarkt. Unser Sortiment umfasste alle gängigen Obstsorten und Spargel. Mit Spargel begann die Saison in der dritten Aprildekade. Bis zum 24. Juni (Johannistag) hatten wir 20.000 Zentner zu vermarkten. Neben anderen Obstsorten waren wir der größte Sauerkirschenmarkt (Schattenmorellen und Ludwigs Frühe) in Europa mit 300.000 Zentnern.

Zu unseren Erzeugern bzw. Lieferanten gehörten 14.000 Mitglieder, die bis dahin je DM 100,-- auf ihren gezeichneten Anteil von DM 1.000,-- eingezahlt hatten. Vom Eigenkapital her waren wir mit DM 1,4 MIO. schon ordentlich ausgestattet; im Bedarfsfalle hätten wir jederzeit weitere Einzahlungen von den Mitgliedern einfordern können. Wie verlief nun die Versteigerung? Die VOG verfügte über mehr als 30 Sammelstellen, zu denen die Mitglieder ihre Waren brachten. Dort wurde die Ware klassifiziert und zusammengestellt. Am Vorabend der Versteigerung oder früh am Versteigerungstag verbrachten wir die Ware mit eigenen Fahrzeugen noch an die früheren Einzelmärkte, wo sie verkaufsfertig aufgebaut wurde. Die Versteigerung fand zentral in Ingelheim statt, nachdem sich die Händler (Kunden) zuvor die Ware angeschaut hatten.

Um 11 Uhr war Versteigerung. Jeder zugelassene Händler hatte auf seinem Platz einen Druckknopf, der mit der großen Versteigerungsuhr verbunden war. Die Uhr lief rückwärts, d.h. je früher gedrückt wurde, desto höher war der Preis. Je nach Warenmenge dauerte die Versteigerung eine halbe oder ganze Stunde. Danach waren die Ladelisten für jeden Händler zu erstellen, damit der Marktmeister und seine Helfer das Obst auf den richtigen LKW fahren konnten.

Als erste große Aufgabe nahm ich mir vor, den Ablauf der Versteigerung besser und schneller zu organisieren bzw. zu rationalisieren. Mein Vorschlag, EDV einzuführen, fand die Zustimmung von Vorstand und Aufsichtsrat. Bei IBM lernten Herr Otten und ich die Programmiersprache RPG II und bestellten ein System /3, das mit der 96spaltigen Lochkarte arbeitete. Unser System bestand aus CPU (Zentraleinheit), MFCU (Mehrfunktionskarteneinheit), Sortiermaschine, Schnelldrucker und Locher. Die Versteigerung hatte ich wie folgt organisiert:

- Die angelieferte Ware wurde von den einzelnen Niederlassungsleitern der fünf Märkte in Lose zusammengefasst und in den Hallen aufgebaut.

- Die Marktmeister erstellten aus den einzelnen Losen eine Liste, die in der Abteilung „Wochenabrechnung“ abgelocht und geprüft wurde (Vier-Augen-Prinzip).
- Die über EDV erstellte Los-Nummernliste lief über die Rohrpostanlage zur Versteigerung in den Uhrenraum.
- Der Versteigerungsleiter rief dann jedes Los zur Preisfindung auf und erteilte nach zusagenden Preisen die Zuschläge.
- Die Versteigerungsassistenten notierten daraufhin Preise sowie Händler-Nummer auf der Verbundlochkarte und schickten sie in Zwischenabständen wieder per Rohrpost zurück in die Wochenabrechnung.
- Hier wurden die Lochkarten entsprechend weiter verarbeitet. Daraus konnten dann kurz nach der Versteigerung den Händlern ihre Ladelisten überreicht werden.
- Auf den Ladelisten waren für die Händler schon die Gesamtpreise ihrer ersteigerten Waren notiert. Während die Ware verladen wurde, konnten aufgrund der Vororganisation schon die Fakturen über EDV geschrieben und den Händlern gleich übergeben werden. Manche zahlten sofort, andere im Laufe der folgenden Woche.

Mit den Erzeugern bzw. Lieferanten wurde wöchentlich abgerechnet und gezahlt. Die Sammelstellen hatten über die Warenanlieferungen Listen geführt, in denen Artikel, Menge und Anlieferer notiert waren. In der Wochenabrechnung wurden diese Listen über Lochkarten erfasst, sodass am Ende der Woche damit abgerechnet werden konnte. Damit hatten wir ein sehr schnelles Verfahren eingeführt. Je nach Warenmengen konnten wir die Versteigerungen in ein bis zwei Stunden abwickeln, am gleichen Tag fakturieren und den Erzeugern wöchentlich ihre Lieferungen bezahlen. Für unsere Bemühungen, nämlich sammeln, aufbereiten, verkaufen, abrechnen und beraten, behielten wir vom Verkaufspreis 12% Provision plus 1% Versteigerungsgebühr ein. In guten Jahren zahlten wir den Erzeugern noch eine Rückvergütung aus dem Überschuss, weil der Grundsatz galt: Keine Gewinnmaximierung bei der VOG, sondern optimale Vermarktung für den Erzeuger.

Was machten wir bei der VOG in der obstlosen Zeit des Jahres? Das große Aufräumen begann. Leergut, das wir den Mitgliedern und Händlern zur Verfügung gestellt hatten, wurde zurückgenommen, eingelagert und mit den jeweiligen Partnern abgerechnet, ein ewiger Streitpunkt in der Leergutabrechnung. Gebäude und Hallen wurden gereinigt, ausgebessert und auf die nächste Saison vorbereitet. Unsere Obstbautechniker hielten Versammlungen ab. Sie berieten die Erzeuger bei Düngung, Baumschnitt und Verpackung. Für die Belegschaft begann die Urlaubszeit, da während der Saison von April bis September Urlaubssperre herrscht. Dadurch stieg ich selbst auch auf Winterurlaub um, und die Familie lernte Skilaufen, was sich im Laufe der Zeit als vorteilhaft herausstellte.

Vermarktungsschwierigkeiten während der Saison gab es bei Sauerkirschen und Äpfeln wegen der großen Mengen. Die Händler wollten natürlich so billig wie möglich einkaufen und haben die Preise an der Uhr unter die Erzeugerkosten fallen lassen. Das konnten wir aber von der VOG aus nicht zulassen. Was tun? Wir froren kurzerhand die Sauerkirschen in einem Riesenkühlhaus ein und verkauften sie erst, als sie von den Händlern zur Belieferung der Industrie benötigt wurden. Für Händler und Industrie war diese Maßnahme teurer, als wenn sie die Ware im Sommer zu einem gangbaren Preis gekauft hätten; jetzt mussten sie auch die Kühlkosten zahlen. Nach zwei Jahren Lehrzeit hatten es die Händler begriffen und zahlten gleich im Sommer einen akzeptablen Preis.

Bei Äpfeln war die Sache etwas aufwendiger. Wir schauten uns in Deutschlands und in Österreichs Apfelgegenden um, wie es andere Märkte organisierten, vertretbare Preise zu erzielen. Vom Prinzip her war es ähnlich wie bei den Sauerkirschen. Wir haben die Äpfel haltbar gemacht, indem wir sie praktisch schlafen gelegt haben. Zu diesem Zweck haben wir in Gau-Algesheim ein CO_2-Lager gebaut, um die Alterung der Äpfel aufzuhalten. In den luftdichten Lagerräumen wurden die gefüllten Apfelkisten bei +1° gestapelt. Im Winter, wenn verstärkt Äpfel nachgefragt wurden, öffneten wir einen Lagerraum nach dem anderen, ließen die Äpfel über eine Sortiermaschine laufen, haben sie verkaufsgerecht verpackt und erzielten dann gute Preise. Man muss sich halt zu helfen wissen!

Nachdem das Versteigerungswesen über EDV stabil lief, stellten Herr Otten und ich auch alle anderen Bereiche auf EDV um. Wir brachten Ordnung in die Leergutabrechnung. Finanzbuchhaltung, Wochenabrechnung, Mitgliederbuchhaltung sowie Lohn- und Gehaltsabrechnung haben wir selbst programmiert und EDV installiert. Nachdem die Gremien die erfolgreiche Umstellung der kaufmännischen Verwaltung auf EDV begutachtet hatten, hielten sie Wort und bestellten mich nicht nur zum hauptamtlichen Vorstandsmitglied, sondern auch zum stellvertretenden Vorstandsvorsitzenden; ich war gerade mal 34 Jahre alt.

Zu unseren jährlichen ordentlichen Hauptversammlungen konnten wir schon allein aus Platzgründen nicht alle Anteilseigner (Genossen) einladen. Das Genossenschaftsgesetz sieht dafür eine besondere Maßnahme vor. Je 50 Genossen konnten einen Vertreter wählen, der in der Hauptversammlung das Stimmrecht ausübte. In unserem Fall konnten die Eigner 280 Vertreter zur Hauptversammlung entsenden. Entscheidend für den erfolgreichen Fortbestand der VOG war die Überlegung, einen Zentralmarkt zu schaffen, an dem die gesamte Versteigerungsware zusammengestellt werden konnte. In der Vertreterversammlung des Jahres 1972 (Deutschland wurde Fußballeuropameister gegen Russland) schlugen Vorstand und Aufsichtsrat den Vertretern das Projekt eines Zentralmarktes vor.

Nachdem mein Kollege Becker den Vertretern die warenwirtschaftlichen Vorteile vorgetragen und ich den Eignern die Finanzierung erläutert hatte, stimmten sie mit großer Mehrheit der Errichtung eines Zentralmarktes zu. Darüber hinaus konnte ich mit Befriedigung feststellen, dass mir bzw. dem Vorstand erlaubt wurde, aus dem Ergebnis des Jahres 1971 DM eine Million in eine zweckgebundene Rücklage einzustellen. Nun galt es, unser Zukunftsprojekt „Zentralmarkt“ in die Tat umzusetzen. Herr Becker und ich gingen auf Grundstückssuche; der Bedarf lag zwischen einem und zwei Hektar. Na, dann los.

Zunächst hatten wir in Verhandlungen mit der Stadt Ingelheim, die auch stark an unserem Projekt interessiert war, die Zusage erhalten, dass die Bahnlinie Mainz-Koblenz unterführt wird. Daraufhin versuchten wir, passende

Grundstücke auf der Ostseite der Bahn zu kaufen. Im Vorstand war vorher beschlossen worden, einheitlich DM 30,--/qm zu zahlen. Wir hatten Erfolg, weil die Grundstückseigentümer für das Projekt Zentralmarkt Sympathie hatten.

Mittlerweile führte ich mit dem Aufsichtsrat Gespräche über eine Anpassung meines Gehaltes nach oben. Dazu sah ich mich veranlasst, da die Bezüge meines Kollegen nachträglich erhöht wurden. Bei meiner Anstellung bat mich der Aufsichtsrat, mit einer kleinen Differenz unter dem Gehalt des Vorsitzenden einverstanden zu sein. Ich hatte damals keinen Grund, gegen diese Regelung zu sein. Als sich dann später herausstellte, dass Herrn Beckers Gehalt mit Wirkung vor meiner Verpflichtung erhöht wurde, vermutete ich eine listige Schummelei. Trotz einer Loyalitätsbezeugung des Aufsichtsrats mir gegenüber war das Gremium nicht bereit, in meinem Sinne zu entscheiden. Daraufhin kündigte ich.

FRISCHDIENST-ZENTRALE

Abermals schaltete ich die ZAV ein. Es wurde ein Kontakt zwischen mir und einer Frischdienst-Zentrale (FZ) in Solingen hergestellt, die einen Geschäftsführer suchte. Bei meinem Vorstellungsgespräch erfuhr ich, dass die FZ sich als Großhandelsunternehmen im Molkereiproduktenbereich (Weiße Ware) betätigte. Als neuer Geschäftsführer sollte ich für die kaufmännische Verwaltung zuständig werden; sie umfasste folgende Bereiche:

- Rechnungswesen und Steuern
- EDV
- Organisation
- Personalführung
- Recht
- Behördenkontakte
- Sonderaufgaben für die Inhaber

Nachdem wir in den Verhandlungen Einigkeit erzielt hatten, erhielt ich die Zusage, ab 01.01.1974 als Geschäftsführer in der FZ West (Solingen) angestellt zu werden. Die FZ West gehörte als Franchise-Unternehmen einer bundesweit tätigen FZ-Gruppe an. Weitere Gruppenmitglieder waren die Frischdienste in Bremen, Hannover, Essen, München, Berlin, Stuttgart, Memmingen und Darmstadt. Alle Frischdienst-Zentralen und deren Filialen arbeiteten nach dem sogenannten „Bremer Modell“, das Herr Peinemann kreiert hatte und wofür er den Deutschen Marketing-Preis erhielt. Als Zentrale fungierte Hannover, dort wurde auch das gemeinsame Rechenzentrum betrieben.

Die Philosophie des Bremer Modells bestand – im Unterschied zu den regionalen Molkereien – in der produktneutralen Belieferung der Kunden, Alleinstellung im Kühlregal des Kunden, Regalpflege, Betreuung durch Verkaufsberater und Spartenkalkulation für den Kunden. Zu diesem Zweck erhielt der Kunde in den Fakturen für dessen Filialen die Mitteilung über bewertete Ein- und Verkaufsmengen. Falls also die FZ im Kühlregal die Ausschließlichkeit besaß, konnte der Kunde sofort am Ende der Abrechnungsperiode seinen Rohgewinn feststellen. Es wurde entweder wöchentlich oder dekadisch abgerechnet.

Am 01.01.1974 nahm ich meinen Dienst in Solingen auf. Die FZ West war rechtlich in einer GmbH & Co KG organisiert. Als GmbH-Gesellschafter fungierten die Herren Ahlbrand (Hannover), Renkos (Essen) und Hindelang (München). Kommanditisten mit je einer Einlage von TDM 200 waren die Herren Schnitger sowie Peter und Heiner Münstermann (Familie, weil Schnitgers Mutter eine geborene Münstermann war). Anfangs glaubte ich, einen schweren Stand zu haben, weil ich Peter Münstermann als Miteigentümer von seinem Geschäftsführerposten verdrängt hatte.

Zusammen mit Herrn Schnitger, der als Miteigentümer für den Warenbereich verantwortlich war, gingen wir ans Werk. Vorausschicken muss ich allerdings, dass man mir bei den Einstellungsverhandlungen gesagt hatte, die FZ arbeite mit Gewinn. Bei weiterer positiver Ertragslage, für die ich ja jetzt mitverantwortlich sei, wäre eine Gewinnbeteiligung realistisch. Also anpacken! Um mich von der positiven Lage zu überzeugen, verlangte ich vom Leiter des Rechnungswesens die Vorlage des letzten Monatsergebnisses (kurzfristige Erfolgsrechnung). Dieser Mitarbeiter schaute mich verdutzt an und bemerkte, die Buchhaltung sei nicht a jour (eine fast tödliche Aussage für ein Handelsunternehmen). Warum ich denn fragte? Angeblich sei Frau Winterfeld (Buchhalterin) überlastet. Als ich mich im Betrieb umhörte, gab man mir zu verstehen, dass Frau Winterfeld öfter auf dem Schoß ihres Chefs als vor der Buchhaltungsmaschine saß. Dieses Verhältnis konnte ich nicht dulden, der Buchhaltungsleiter wurde entlassen. Mit Frau Winterfeld vereinbarte ich, die fehlenden Arbeiten nachzuholen, auch wenn sie viele Überstunden benötigen würde. Ich habe ihr natürlich dabei geholfen, um dadurch auch am schnellsten einen Überblick zu bekommen.

Nach gut zwei Monaten hatten wir neben der aktuellen Buchhaltung auch die Rückstände aufgearbeitet. Daraufhin erstellte ich für 1973 einen Jahresabschluss, der entgegen der vorherigen Versprechungen einen satten Verlust von TDM 400 auswies. Einer eilig einberufenen Gesellschafterversammlung schilderte ich die angetroffenen Verhältnisse und legte meinen Jahresabschluss vor. Mein Abschluss wurde sofort einem Wirtschaftsprüfer zur Prüfung eingereicht. Der Prüfer konnte meinen Abschluss nur bestätigen und trug ihn zusammen mit mir einer erneuten Gesellschafterversammlung vor.

In dieser Gesellschafterversammlung, die meines Wissens Ende April 1974 stattfand, bot ich an, in dieser Situation, die meilenweit von der mir anfangs geschilderten Lage entfernt war, mein Engagement in Solingen zu beenden, da ich keine unverschuldete Pleite hinlegen wollte. Die Gesellschafter waren entsetzt, baten mich aber, weiterzumachen, sie würden mir jede mögliche Unterstützung zukommen lassen. Ich willigte letztendlich ein, auch weil ich beweisen wollte, dass die Firma zu retten sei.

Die FZ Solingen verfügte über ein Kühllager (6° bis 8° Celsius), ein Verwaltungsgebäude, 30 LKWs, einen großen Parkplatz, einige Gabelstapler, eine Autowerkstatt, etliche hundert Rollcontainer und Paletten. Im Verwaltungsbereich arbeiteten wir mit elektronischen Erfassungsgeräten. Alle Molkereien, ob große oder kleine, private, industrielle oder genossenschaftliche, gehörten zu unseren Lieferanten. Als Kunden versorgten wir fast ausschließlich Filialketten wie coop, Kaiser‘s Kaffeegeschäft, Tengelmann, Edeka, Deutscher Supermarkt, Desuma, Metro und Otto Mess. Unser Umsatz generierte sich aus 5.000 Artikeln zu einem Gesamtwert von anfangs DM 60 Millionen im Jahr.

Ich bekam meinen ersten Dienstwagen, und zwar einen Mercedes 200. Bei der Auslieferung übergab ich dem Verkäufer einen Scheck in Höhe des Wagenpreises und verlangte die Autopapiere. Der Daimler-Verkäufer sagte, das könne er nicht, da erst geprüft werden müsse, ob der Scheck gedeckt sei. Dem Verkäufer bedeutete ich, dass er gerade zwei Autos verkauft hatte, nämlich das erste und das letzte. Diesen Vorfall ließ ich der Daimler-Geschäftsleitung in Wuppertal zukommen. Man entschuldigte sich und bot mir an, für Wochenendheimfahrten alle möglichen Mercedes-PKWs kostenlos benutzen zu können. Da ich unbestechlich bin, blieb ich hart. Der Verkäufer ward bei uns nicht mehr gesehen.

Bestellungen der Kundschaft wurden teils telefonisch und teils über unsere Verkaufsberater akquiriert. Zu Beginn meiner Tätigkeit wurden die bestellten Artikel noch handschriftlich in einen Lieferschein eingetragen und mittels

Rohrpost ins Lager geschickt. Dort wurde die Ware kommissioniert sowie von Schichtleitern kontrolliert. Lagerleiter sowie Schichtleiter haben die beladenen Rollcontainer auf die entsprechenden Touren zusammengestellt. Je nach Länge der Belieferungstour haben die LKW-Fahrer morgens ab 5 Uhr ihre Wagen beladen und die Kunden beliefert.

Folgende Verfahrensänderungen haben wir im ersten Jahr meiner Anstellung eingeführt:

- Die LKW-Fahrer wurden von der frühmorgendlichen Beladung befreit. Dafür haben wir einen so genannten Lademeister eingestellt, der am Abend vorher nach der Kommissionierung die LKWs für die großen weiten Touren schon beladen hat.
- Das Bestellwesen wurde fast ausschließlich auf Telefonverkauf umgestellt, da die Verkaufsberater einen zu hohen Kostenaufwand verursachten, den die Kunden nicht mehr honorieren wollten.
- Lieferscheine haben wir nicht mehr handschriftlich verfasst, sondern über EDV erstellt. Das hieß, im Telefonverkauf haben die Mitarbeiter am Bildschirm während des Gesprächs die bestellten Artikel direkt ins Terminal eingegeben. Die gedruckten Lieferscheine wanderten von der EDV unmittelbar ins Lager.
- Dadurch fiel der frühere Lieferscheindruck in einer Druckerei weg. Es wurden Geld und Zeit gespart, aber auch die Fehlerhäufigkeit sank rapide.

Wie schon gesagt, in Hannover haben alle Frischdienst-Zentralen ein gemeinsames Rechenzentrum betrieben, das wie folgt arbeitete: Alle Gruppenmitglieder haben ihre Erfassungsdaten via Datenfernübertragung nach Hannover gesendet, damit sie dort verarbeitet werden konnten. Entweder per Post oder durch Abholung wurden die Fakturen sowie sonstigen Verarbeitungen entgegengenommen und den Kundenzentralen über die LKW-Lieferungen zugestellt.

Eine nette Geschichte am Rande sei noch erzählt. Klaus Ahlbrand, ein wichtiger Gestalter des Bremer Modells, ließ sich bei der Preisverleihung für Herrn Peinemann mit folgendem Trick auf die Liste der Ehrengäste setzen. Er reichte seinen Namen mit doppeltem „a" ein, sodass sein Name als „Aalbrand" erschien. Dadurch stand er an erster Stelle vor Adicks, der nur Marketing-Mitarbeiter der FZ war. Man schmunzelte hinterher sehr, als er den angeblichen Fehler mit Bedauern korrigieren ließ.

Zu meinen Aufgaben im logistischen Bereich gehörten auch gelegentliche Fahrerbesprechungen, wenn Auslieferungstouren neu gestaltet oder umverteilt werden sollten. Üblicherweise hatten die LKW-Fahrer immer Argumente gegen meine Vorschläge, weil sie mir stets deren praktische Undurchführbarkeit attestierten. Daraufhin kündigte ich an, den LKW-Führerschein zu machen und meine Tourenvorschläge selbst in die Praxis umzusetzen. Allgemeines Erstaunen, aber wenig Glaube der Teilnehmer, dass ich dies durchziehen würde. Aber man rechnete nicht mit meiner Hartnäckigkeit. Es lief so, wie ich es mir vorgenommen hatte. Nach LKW-Führerscheinbesitz fuhr ich einige Touren selbst und habe meinen LKW-Kollegen gezeigt, was geht. Von da an hatte ich Ruhe an der Fahrerfront, sie haben mir geglaubt bzw. vertraut, wenn ich machbare Tourenvorschläge angekündigt habe. Köstlich war immer, wenn neue LKW-Fahrer ins Team kamen und über meine Vorschläge ablehnend diskutieren wollten. Da haben die älteren Kollegen eingegriffen und den Frischlingen bedeutet, dass sie sich zurückhalten sollen, weil der „Chef" sie sonst eines Besseren belehren würde.

Als nächsten Schritt ordneten wir bei der FZ Solingen die Beteiligungsverhältnisse im Einvernehmen mit den bisherigen Gesellschaftern neu. Ahlbrand, Renkos und Hindelang schieden aus und verkauften ihre Anteile an die Familie Münstermann. Sowohl in der GmbH als auch in der KG waren nun die drei Cousins Schnitger sowie Heiner und Peter Münstermann beteiligt. Nachdem wir im Innenbereich die wichtigsten Kostenverursacher (Verkaufsberater, Retouren und Preisauszeichnung) auf ihr notwendiges Maß zurückgeführt hatten, konnten wir zumindest den Negativtrend stoppen. Bis Jahresende 1974 gelang uns eine Halbierung des Verlustes. Das Jahr 1975 konnten wir mit einer schwarzen Null abschließen.

ALDI-NORD

Die erfolgreichen Jahre der FZ Solingen begannen mit der Belieferung von Aldi-Nord. Zusammen mit Aldi haben wir zehn Artikel aus dem Weißen Sortiment über eine längere Zeitspanne hinsichtlich der Akzeptanz beim Publikum beobachtet. Als sich herausstellte, dass die Testphase sehr positiv verlief, übertrug uns Aldi die Komplett-Belieferung des Weißen Sortimentes. Die Belieferung von Aldi war eine Win-win-Situation und hatte folgende Vorteile, die andere Filialketten nie erreicht haben:

- dreimalige Belieferung der Filialen pro Woche mit vollen Rollcontainern
- durch guten Abverkauf in den Filialen hatten wir keine Retouren
- Lieferscheinkontrolle bei Anlieferung
- ein Jahresgespräch über Listung und Preise
- Vertragstreue und Ehrlichkeit bei Aldi und uns
- Funktionierende Spartenkalkulation wegen unserer Ausschließlichkeit im Regal
- keine Probleme mit Verfallsdaten

Mehr über Aldi möge der geneigte Leser meinem Brief an den Spiegel entnehmen, den ich im Original beifüge:

Dipl.-Kfm. Erich J. Gonder

Der Spiegel
Redaktion
Ericusspitze 1
20457 Hamburg

6.5.2012

Aldi

Sehr geehrte Damen und Herren,

mit großem Interesse habe ich Ihre Abhandlung über Aldi im Spiegel Nummer 18 gelesen sowie grenzenlos gestaunt, was die Redakteure und der Ex-Manager Straub von sich gegeben bzw. unterstellt haben. Schon die Aufmachung der Titelseite verspricht Sachverhalte, die der Bericht auf den Seiten 62 ff. nicht halten kann.

Aber zunächst zu meiner Person, damit Sie meine Angaben von den Fakten her richtig einordnen können. Gehen Sie bitte davon aus, dass ich vom Molkereiproduktenhandel (Butter, Eier, Käse) sowie Frischgeflügel, Eierhandel und Tiefkühlkost auf Großhandelsbasis einiges verstehe. Fünfzehn Jahre lang war ich als Geschäftsführer und Niederlassungsleiter im Bereich der Frischdienstzentralen West (2x), Ulm (Neu-Ulm) und München tätig. Die einzelnen Frischdienstzentralen haben nach dem sogenannten „Bremer Modell“ gearbeitet, wofür Herr Peinemann vor über 40 Jahren den Deutschen Marketing-Preis erhielt.

Mitte der 70er Jahre hat die Frischdienst-Zentrale West zusammen mit Aldi-Nord testweise die Frischware im Molkereiproduktensektor (Weiße Ware) eingeführt. Wir haben zunächst zehn Artikel für die Region Greven in die Aldi-Kühlregale geliefert. Nach positivem Testverlauf über einen längeren Zeitraum wurde die Belieferung sukzessive ausgedehnt und andere Regionen einbezogen. Als Lieferant haben wir mit Aldi harte Verhandlungen und Jahresgespräche geführt. Am Ergebnis der Verhandlungen hat jeder festgehalten. Aldi war vertragstreu und ehrlich.

Des Weiteren haben wir in Solingen Tiefkühl-Container entwickelt, die sicher gestellt haben, dass im Laden bei Aldi auch minus 18° ankamen. Wir haben von Solingen aus einige Filialketten wie coop, Kaiser's Kaffeegeschäft, Tengelmann, Edeka, Deutscher Supermarkt, Otto Mess, Massa und Metro beliefert. Außer Aldi hat meines Wissens kein Filialist die Temperaturen im Liefer-LKW bei Ankunft am Laden geprüft.

Eines der entscheidenden Kriterien des Aldi-Erfolgs ist preiswerte gute Qualität. Aldi ist nicht billig, sondern preiswert im Interesse des Kunden. Apropos Qualität, am Anfang (70er Jahre) haben die bis dahin großen und führenden Ketten uns als Großhändler gesagt: wenn ihr Aldi beliefert, entziehen wir euch die Belieferungsaufträge. Was haben wir zusammen mit Aldi und den größten Marken-Lebensmittelherstellern aus dieser Erpressungssituation gemacht? Hersteller, Aldi und Frischdienstzentrale haben folgende Vereinbarung geschlossen: Aldi wird mit Qualitäts-Markenprodukten in der Verpackung der jeweiligen

Zweitmarke beliefert. Vorteile dieser Vereinbarung hatten alle Beteiligten. Der Hersteller brauchte die Charge nicht umstellen (Kostenersparnis), Frischdienst-Zentrale konnte liefern, Aldi bekam Markenware und der Kunde günstige Preise.

Heute ist jeder Mitbewerber bestrebt, seine Filiale in der Nähe von Aldi zu positionieren, weil dort die meisten Kunden sind, die bei den Anderen die Artikel kaufen, die Aldi nicht führt (Konkurrenz belebt das Geschäft).

Wie kam es zu dieser Entwicklung? Aldi hat sein System konsequent und nicht skrupellos verwirklicht. 400 Artikel wurden nach einer Rennliste geführt. Monatlich wurden die zehn umsatzschwächsten Artikel aussortiert und gegen zehn neue ausgetauscht – ein Prinzip der Umsatzsteigerung. Warum 400 Artikel? Ganz einfach, nach Training waren die Kassiererinnen aufgrund medizinischer Untersuchungen in der Lage, 400 Artikelpreise im Gedächtnis zu haben. Es war die Zeit bevor bei Aldi Computer installiert waren; das hat nicht unerhebliche Artikelauszeichnungskosten gespart. Andere Filialisten haben die Artikelauszeichnung auf den Lieferanten verlagert, mussten dafür aber mehr zahlen.

Überhaupt war Kostenbewusstsein ein wichtiges Kriterium für Aldis Aufstieg. Keine Telefone in den Filialen. Bestellungen für die nächste Lieferung wurden schriftlich bei der aktuellen Belieferung dem Fahrer mitgegeben; so erübrigten sich auch lange Privatgespräche. Einfache Leuchtreklame; eine brennende Glühbirne hinter einem Schild mit ausgestochenen Buchstaben wies auf Aldi hin; andere protzten mit teuren, beleuchteten Reklameschildern.

Zum Sprachgebrauch „Ausgepackt". Die Sachverhalte, die Herr Straub darunter versteht, sind bekannt, werden von ihm nur negativ dargestellt. Aldi arbeitet legal, er kann und will sich auch kein anderes Verhalten leisten. Was heißt denn 'skrupellos'? Wer ist denn hier skrupellos und will mit Insiderwissen durch sein Buch Geld verdienen? Ich vermute mal, dass in Straubs Dienstvertrag geregelt war, auch nach seiner Tätigkeit bei Aldi über Betriebsgeheimnisse bzw. -interna Stillschweigen zu bewahren; wer ist denn hier zumindest im privatrechtlichen Bereich vertragsbrüchig?

Zwischendurch zur Person Straub. Einen Weggang von Daimler kann man bei einem jungen, aufstrebenden Mann nicht ohne weiteres unter Karriere-Gesichtspunkten nachvollziehen. Daimler ist einer der großen und besten Autobauer der Welt. Da will er mit 23 Jahren – auf Kosten von Daimler studiert – ohne jegliche praktische Berufs- und Lebenserfahrung beurteilen, ob die Mitarbeiter bei Daimler frustriert sind und kraftlos wirken. Ich vermute vielmehr, dass er bei Daimler und Aldi überfordert war. Er darf doch nicht denken, dass sein Anfangsgehalt von € 60.000/Jahr für einen Ferienjob gezahlt wurden. In seinem Arbeitsvertrag – den er freiwillig unterschrieben hat – steht sicher drin, seine ganze Arbeitskraft dem Unternehmen zur Verfügung zu stellen. Wenn ihm das Schmerzen bereitet, darf er diesen Vertrag nicht unterschreiben. AT-Angestellte liegen meistens in Gehaltshöhen plus Bonus oder Prämien, in denen Überstunden enthalten bzw. mit abgegolten sind.

Wollte Herr Straub – wie in England – um 11 Uhr zum Dienst kommen, die Post sichten, verteilen, um 13 Uhr in den Club zum Lunch gehen und nachmittags golfen? So geht Handel im Mittelmanagement nicht. Auch das 'Zu-Sagen-Haben', das er im Mittelmanagement vermisst, ist zu Recht dort nicht angesiedelt. Die Unternehmensleitung gibt die Richtlinien und Rahmenbedingungen vor, das Mittelmanagement hat sie umzusetzen und zu arbeiten statt zu golfen; Verbesserungsvorschläge werden natürlich von der Unternehmensleitung gerne entgegengenommen.

Ach, da ist ja auch noch Herr Wallraff. Was hat er denn Schlimmes enthüllt? Er kommt doch über allgemeine linke Phrasen und nicht finanzierbare Forderungen nicht hinaus. Als Jauch ihn in der Sonntag-Abend-Sendung über „Stasi" befragen wollte, hat er sofort juristisch abgeblockt. Wallraff darf Jeden in den Dreck ziehen. Falls er selbst in die Enge getrieben wird, zieht er sich auf formaljuristische Positionen zurück.

Warum wird in dem Spiegel-Artikel immer das negativ besetzte Wort 'billig' benutzt? Aldi ist nicht billig, sondern preiswert oder – wenn Sie wollen – günstig. Ich habe schon an anderer Stelle erläutert, warum preiswert die bessere Bezeichnung ist. Billig heißt nach dem allgemeinen Verständnis 'kleiner Preis ohne Rücksicht auf Qualität'. Aldi legt aber Wert auf Qualität und hat sie auch. Wenn das

Produkt seinen Preis wert ist, kann man es nicht als 'billig' bezeichnen.

Aus meiner eigenen Lieferanten-Erfahrung mit Aldi-Nord kann ich behaupten, dass die Darstellung 'Lieferanten würden immer wieder neu im Preis gedrückt' nicht stimmt. Aldi verhandelt zwar hart im Jahresgespräch, hält sich aber strikt an getroffene Vereinbarungen und ist ehrlich. Wenn Aldi den Lieferanten überfordern würde, ginge das langfristig nicht gut, weil Aldi von einem insolventen Lieferanten nichts hätte (eine Kuh, die du melken willst, darfst du nicht schlachten). Die Frischdienstzentrale Solingen hat ihre besten Geschäfte mit Aldi-Nord gemacht. Warum? Aufgrund der großen Mengen konnten bei der Industrie sehr niedrige Einstandspreise realisiert und an Aldi zuzüglich unseres Distributionsaufschlags weitergeben werden.

Wir hatten in unserem Kühllager einen separaten Raum für Aldi-Produkte eingerichtet, damit bei der Kommissionierung nicht unnötig weite Wege zurückgelegt werden mussten. Für Aldi konnten wir vornehmlich volle Rollcontainer bestücken. Wir lieferten dreimal die Woche, weil die Waren in den Läden gut abverkauft wurden. Es gab keine Frische-Probleme und dank des guten Abverkaufs auch keine Retouren. Aldi hat nicht wie andere Filialketten sogenannte Werbekostenzuschüsse verlangt, sondern nur einen günstigen Preis ausgehandelt. Eines der Hauptkriterien im Lebensmittelhandel sind die Bezugsmengen. Ein normaler kleiner Edekaner (selbstständiger Einzelhandelskaufmann) hat doch bei Aldi günstiger als bei seiner Zentrale eingekauft.

Straub kritisiert, dass Geschäftsführer und untere Ränge bei Aldi nichts zu 'sagen' hatten, weil alles in der Aldi-Bibel bis ins Kleinste vorgeschrieben sei. Außerdem spricht er von einem Kontrollrausch. Ja Herr Straub, wie wollen Sie denn 60.000 Mitarbeiter ohne Richtlinien führen? Soll im Mittelmanagement jeder nach Gutdünken seinen Filialbereich leiten und beaufsichtigen? Was will er denn zu „sagen" haben? Die Unternehmensphilosophie und die Richtlinien zur Durchsetzung werden von der Unternehmensleitung festgelegt und vorgegeben. Geschäftsführer der Regional-Gesellschaften und Abteilungsleiter setzen sie im Tagesgeschäft um; was ist daran schlecht?

Die Verfasser Ihres Artikels sprechen von Kontrollrausch, sie besetzen das notwendige Kontrollinstrument nur negativ. Was glauben Sie, wo Sie hinkommen, wenn Sie 60.000 Mitarbeiter nicht kontrollieren (auch zu deren Sicherheit)? In die Anarchie. Wie man durch ordentliche Kontrollen Erfolg haben kann, mag folgendes Beispiel zeigen: Nach Ihrem Bericht beläuft sich Aldis Jahresumsatz (welches Jahr?) auf rund 57 Mrd (57.000.000.000) Wenn Aldi - wie früher – noch mit 28% Spanne (Aufschlag auf Einkaufspreis, andere Filialketten brauchen 33%) arbeitet, hat er für rund 44,5 Mrd. Waren eingekauft. Bei der von Ihnen genannten Schwundgröße von 0,25% des Warenbestandes (Inventurdifferenzen, Diebstahl und Sonstiges) ergibt das ein Manko von € 111,5 Mio. Andere Handelskonzerne sollen angeblich 5% Schwund haben, das sind – bezogen auf den Aldi-Wareneinkauf – € 2,2 Mrd. Allein hier realisiert

Aldi einen Vorteil von € 2,1 Mrd. Nicht zuletzt deshalb kann Aldi günstiger sein als andere.

Also warum Kontrollen verdammen? Diebstähle werden nicht nur von Kunden sondern auch von Beschäftigten verübt. Aldi bestiehlt sich doch nicht selbst. Banken und viele große Unternehmen haben eine Innenrevision, die bei Banken sogar im Kreditwesengesetz (KWG) vorgeschrieben ist. Die Innenrevision ist unabhängig und meistens an den Vorstandsvorsitzenden berichtspflichtig. Die Tätigkeit der Innenrevision wird vom Wirtschaftsprüfer beurteilt.

Bei der Beurteilung von Kontrollen lassen Ihre Redakteure und Herr Straub völlig unerwähnt, dass es sich bei Aldi in erster Linie um einen Lebensmittelhändler dreht. Da gelten im Hinblick auf Hygiene, Sauberkeit, Produktqualität und Frische besonders strenge Vorschriften. Was glauben Sie, was der amtliche Lebensmittelprüfer bzw. -überwacher anstellt, wenn die faule Zitrone oder der im Datum abgelaufene Joghurt von ihm im Regal gefunden wird oder, wenn die Hygiene-Bedingungen in den von der Kundschaft nicht einsehbaren Räumen unordentlich sind? Deshalb auch dort von Aldi und anderen Lebensmittelhändlern vorsorgliche Kontrollen und Anweisungen, anstatt nach der Amtskontrolle hohe Bußgelder zahlen oder gar eine Filiale schließen zu müssen – das Mediengeschrei möchte ich nicht hören.

Herr Straub ist eine schillernde Persönlichkeit. Er hat weder das Daimler-Gen noch das Aldi-Gen. Leider ist er bei seinen ersten Karriereschritten gescheitert – ich befürchte jetzt auch als Autor. Er wollte zu früh zu viel. Karriere muss man aufbauen mit dem Unternehmen und nicht dagegen; Lehrjahre sind keine Herrenjahre. Vor allem spricht aus seiner Aldi-Kritik wenig praktische Berufs- und Lebenserfahrung. Vom Lebensmittelhandel (weißes Sortiment) versteht er kaum etwas.

Was heißt denn „ausgepackt"? Kaum etwas. Die großen Strukturen, über die er spricht, sind alle seit über 30 Jahren bekannt. Vielleicht nennt er hier und da negative Einzelheiten bzw. -fälle, die überall vorkommen aber nicht alditypisch sind. Am beklagenswertesten ist sein Vertragsbruch. Ich kenne auch ein paar AT-Angestellte von Aldi, die mir bestätigt haben, dass der Arbeits- bzw. Dienstvertrag vorsieht, über Betriebsinterna in der Öffentlichkeit Stillschweigen zu bewahren; auch nach Beendigung des Dienstverhältnisses. In einem von mir geführten Unternehmen würde Herr Straub keine verantwortungsvolle Stelle mehr bekommen. Herr Straub hat Probleme mit dem Napoleon-Syndrom: Geringe Körpergröße (Eindruck auf dem Foto), die überkompensiert werden muss und zu schnelles Emporkommen mit vorprogrammiertem Scheitern. Hoffentlich ist Straub ohne Paranoia nur halb so erfolgreich wie Aldi.

Ihren beiden Redakteuren kann ich nur vorhalten, zu sehr auf Straub gehört und sich zu wenig mit den Eigenarten des weißen Lebensmittelsegmentes befasst zu haben.

Aus meiner Sicht ist Aldi eins der erfolgreichsten Filialunternehmen, die ihre Erfolge auf legalem Wege erreicht haben. Schließlich soll nicht unerwähnt bleiben, dass der Kunde am meisten davon profitiert. Unzufriedene Mitarbeiter gibt es in vielen Unternehmen, sicher aber unter 60.000 Aldi-Mitarbeitern am wenigsten. Am deutlichsten spricht doch der angegebene Umsatz von € 57 Mrd. (wenn's stimmt, denn Aldi veröffentlicht kaum Zahlen) für Aldi; umgerechnet auf die deutsche Bevölkerung (80 Mio) gäbe damit jeder Deutsche € 712,50/Jahr bei Aldi aus.

Sehr geehrte Spiegelredaktion, als Leserbrief ist meine relativierende Darstellung sicher zu lang. Sie können gerne aber einen eigenen Artikel unter Bezug auf meine Person daraus gestalten oder meine Zeilen als Gastkommentar abdrucken. Auch für ein Interview stehe ich zur Verfügung.

Freundliche Grüße

Erich J. Gonder

Fazit: Aldi hat mit seinem Discount-System Erfolg:
- Die Industrie brauchte ihre Chargen nicht umzustellen
- Aldi wurde mit Markenqualität in Zweitmarkenverpackung beliefert
- FZ Solingen konnte liefern
- Der Kunde bekam Qualität zu günstigen Preisen

In den Jahren 1976, 77 und 78 kam die FZ Solingen langsam in die Gewinnzone. Wir planten auch dank des Aldi-Geschäfts, dem sich mittlerweile noch andere Regionen angeschlossen hatten, ein neues Domizil, weil wir Tiefkühlkost (TKK) in unser Sortiment aufgenommen und in Solingen noch kein Tiefkühllager zur Verfügung hatten.

Herrn Schnitger gehörte noch die Firma Anton Münstermann in Wuppertal, die er von seiner Mutter (geb. Münstermann) geerbt hatte. Die Firma Anton Münstermann war alleine nicht mehr lebensfähig, hatte aber eigene Tiefkühlräume. Wir haben die Firma Anton Münstermann in die FZ Solingen integriert und den Handel mit TKK begonnen. Nun planten wir auch den Neubau eines kombinierten Kühl- und Tiefkühlhauses in der Kohlfurt an der Grenze zu Wuppertal. Logistisch hatten wir zunächst die Temperaturfrage beim Transport zu lösen. Wie bekommen wir Ware mit minus 20° Celsius von unserem Lager in die Truhen der Kundschaft? Wir haben einen Tiefkühlcontainer entwickelt (hauptsächlich Schnitger mit dem Hersteller), der einige Stunden die Temperatur unten hielt. Der Ablauf war wie folgt:

- Der leere TKK-Container wird im TK-Haus für die Kommissionierung bevorratet.
- Nach der Befüllung bleibt der Container bis zur Verladung im TK-Haus stehen.
- Der Liefer-LKW wird vor der Verladung heruntergekühlt.
- An der belieferten Filiale prüft der Filialleiter die Anlieferungstemperatur (Aldi macht's); wer nicht prüft, hat später auch keine Möglichkeit zur Reklamation.

Zur Unterstützung des FZ-Rechenzentrums hatte die Gruppe einen EDV-Ausschuss installiert. Für die Weiterentwicklung unserer Software steuerte der EDV-Ausschuss, dem auch ich angehörte, wesentliche Impulse aus der Praxis und den Kunden bei. Unter anderem waren dabei auch die vorbereiteten Inventurlisten eine große Hilfe. In Solingen hatten wir etwa 5.000 Artikel am Lager, die monatlich mengenmäßig gezählt wurden. Für die Genauigkeit der monatlichen Erfolgsrechnung waren diese Daten sehr wichtig.

Ein paar Sätze muss ich noch zu den Provisionsräubern (Schutzgelderpresser) G., S. und K. sagen. Diese Herren gehörten zu der Firma Wohlzufrieden (Nomen est omen), die sich in die Geschäftsbeziehungen von Kunden und Lieferanten eingeschaltet haben. Bei uns haben sie sich zuerst an Edeka Wuppertal (Kunde von uns) gewandt und dort günstigere Konditionen versprochen. Daraufhin sind sie an uns heran getreten, wir sollten Edeka bessere Preise einräumen, damit wir den Lieferumfang an Edeka behalten. Ihrerseits haben diese sogenannten Vermittler ausgesuchte Hersteller bewegt, uns auch bessere Konditionen einzuräumen, um die Belieferung sicherzustellen. Für diese angebliche Vermittlertätigkeit mussten wir natürlich Provision zahlen, obwohl unsere gegenseitigen Lieferbeziehungen schon bestanden. Für den Endkunden haben sich insgesamt die Preise dadurch nicht verändert, weil aus den Vergünstigungen die Provisionen an Wohlzufrieden gezahlt werden mussten. Ohne echte Leistungen zu bringen, hat diese Provisionsmafia dreifach kassiert; beim Hersteller, bei uns und bei Edeka.

MÖBEL-HECKE
(Name geändert)

Anfang Juli 1978 wurde mir in Solingen Besuch von zwei Herren angekündigt. Ein Überraschungsbesuch? Ich wurde neugierig – ohne Terminabsprache Besuch? Es waren die Herren Hecke und Steinmüller aus Hochheim. Manfred Hecke war Inhaber von Möbel-Hecke (Groß- und Einzelhandel) und Werner Steinmüller sein Vertrauter sowie Geschäftsführer. Sie wussten, dass ich in Solingen bei der FZ engagiert war, und wollten sich den Betrieb einmal ansehen. Bei der Betriebsbesichtigung sowie einem anschließenden Gespräch kam heraus, dass sie mich in Solingen abwerben wollten. Die Aussicht, nach Hause zu kommen und in Hochheim eine Geschäftsführerposition zu bekleiden, war verlockend. Nach einem weiteren Gespräch in Hochheim, in dem wir Einzelheiten über mein Engagement besprochen hatten, beschloss ich, Heckes Angebot anzunehmen.

Die FZ Solingen war in der Gewinnzone, sodass ich keine Bedenken hatte, nach Hochheim zu wechseln. Ich habe mich noch bemüht, einen geeigneten Nachfolger für die FZ zu finden. Ich hatte kein schlechtes Gewissen, zumal mein Wechsel für alle Beteiligten nur Vorteile bringen könnte. Hecke bekam einen neuen Geschäftsführer, die FZ war geordnet und auf einem positiven Weg; für mich war die Aussicht, in Hochheim tätig sein zu können, eine gefühlte Erleichterung.

Das Möbelhaus Hecke bestand zunächst aus vier, später aus fünf Betrieben. Im Stammhaus Hochheim wurde Groß- und Einzelhandel in einer nicht ganz gradlinigen Mischung betrieben. Außerdem gab es am anderen Ende von Hochheim einen so genannten Möbel-Nettomarkt. In Wiesbaden-Nordenstadt verfügte Hecke über den „Wohnkauf", ein erfolgreiches Möbel-Einzelhandelshaus. Hinter Gießen in Ehringshausen hatte Manfred Hecke nach dem Vorbild von Nordenstadt ebenfalls einen „Wohnkauf" eingerichtet, wo der Bruder von Werner Steinmüller als Filialleiter fungierte. Später kam in Heuchelheim bei Gießen ein Mitnahme-Markt hinzu. Bei allen fünf Märkten war ich Mit-Geschäftsführer.

Am 01.01.1979 nahm ich meine Tätigkeit in Hochheim auf. Von Möbeln brauchte ich nicht viel zu verstehen, da ich weiter in meinem bisherigen Metier (Rechnungswesen, Finanzen, EDV, Personalwesen und Organisation) arbeiten konnte. Die warenwirtschaftliche Seite wurde von Hecke und Steinmüller wahrgenommen. Ich hatte mich schnell eingearbeitet, da ich die bisherige kaufmännische Verwaltung sofort im Griff hatte. Probleme waren die Lagerverwaltung, die EDV-Steuerung, die Liquidität, die Reklamationsbearbeitung und vor allem Hecke selbst.

Ja, Hecke, der Problemfall. Er, Steinmüller und ich waren unterwegs bei Porta Westfalica. Dort haben wir uns in erster Linie die Lagerorganisation angeschaut. Fachlich gibt es eine so genannte „Chaotische Lagerhaltung" bzw. „-verwaltung", die nichts mit dem üblichen Chaos zu tun hat, sondern mit einer EDV-Steuerung der Ein- und Auslagerung. Voraussetzung dafür ist, dass das Lager in Lagerfachnummern eingeteilt ist. Bei der Einlagerung wird der Lagerplatz auf dem Lieferschein mit Kommissionsnummer über EDV archiviert. Bei der Auslieferung an den Kunden braucht man dann nur die Kommissionsnummer anzugeben, sodass die Lagerware sofort gefunden werden kann. Auch bei Nachfragen des Kunden über den Verbleib seiner Bestellung ist diese Maßnahme sehr hilfreich. Über die Kommissionsnummer kann festgestellt werden, ob eine Lagerfachnummer existiert oder nicht; man ist sofort zur Auskunft bereit und braucht nicht im Lager lang erfolglos zu suchen.

Steinmüller und ich wollten diese chaotische Lagerhaltung einführen. Der Lagerleiter war natürlich dagegen, weil er meinte, nur er dürfe nach alter Väter Sitte wissen, wo die Kommission im Lager steht. Da der Lagerleiter nach herkömmlicher Einschätzung ein so genannter „guter Mann" sei, ließ sich Herr Hecke von ihm überreden, alles beim Alten zu belassen. Dabei wurde nicht bedacht, wie die Auslieferung funktionieren sollte, wenn der Lagerleiter aus welchen Gründen auch immer für längere Zeit ausfallen würde.

Ähnlich liefen die Bemühungen um eine Optimierung der EDV. Der EDV-Leiter und ich versuchten, etliche Neuerungen zu installieren. Wenn Herr Hecke missmutig ins Büro oder zu Besprechungen kam, konnte nichts bewirkt werden. Sein Argument für die Ablehnung einer Maßnahme war stets: „Das gefällt mir nicht." Steinmüller und ich versuchten immer, ihm klar zu machen, dass Nichtgefallen nichts mit Verbesserung zu tun hat. Es half alles nichts, Hecke wollte und hat den Laden patriarchalisch geführt.

Ein weiteres Manko bestand in der schleppenden Behandlung von Reklamationen. Anscheinend hatte Hecke den einschlägigen Abteilungsleiter angewiesen, Reklamationen, die im Möbelgeschäft nicht ungewöhnlich sind, sehr hinhaltend zu bearbeiten. Es war ihm nicht klar zu machen, dass eine kulante Reklamationsbearbeitung den Kunden bei allem Ärger erfreut und ihn an Möbel-Hecke eher bindet als umgekehrt.

Für den Betrieb am teuersten waren die hohen Privatentnahmen (die habe ich ihn auch immer selbst unterschreiben lassen). Er und sein Vater entzogen der Firma jeden Monat DM xxxxx. Das führte bei rückläufigem Umsatz zu Liquiditätsschwierigkeiten, die nur mit teuren KK-Krediten gedeckt werden konnten. Zu meinem Leidwesen konnte ich oft Lieferantenrechnungen nur mit Zielüberschreitungen begleichen; das sprach sich in der Branche herum.

Hecke hatte ein Geltungsproblem. Er hatte bei Sommerlad in Gießen gelernt und wollte natürlich größer werden als seine Lehrfirma. Zu allem Überfluss richtete er dann noch in Heuchelheim einen Nimm-mit-Markt ein, der natürlich gegen Sommerlad (alteingesessenes Unternehmen) keine Chance hatte.

Im privaten Bereich, worüber ich später noch genauer berichten werde, konnte ich einiges bewegen. Zusammen mit Manfred Bär, Judith Krümpelman und Karl Forkert bauten wir in Massenheim fünf Tennisplätze. Unser Haus im Amselweg 7 plante meine Frau. Es wurde 1979 errichtet, sodass wir Ostern 1980 einziehen konnten. Der Amselweg wurde teurer als geplant. Anny war einverstanden, dass wir die Neugasse 11 verkauften und den Erlös (TDM 180) in den Neubau Amselweg einbrachten. Zwischenzeitlich hatte ich noch zusammen mit Hans Heide einen Acker (2.000 qm) in Hochheim von den Angestellten meiner Frau gekauft, den wir später mit der Stadt gegen zwei Bauplätze in Massenheim getauscht haben.

Trotz aller Bemühungen kam ich bei Hecke nicht weiter. Denn nur verwalten wollte ich noch nicht. Steinmüller und ich versuchten mehrfach gegen das „Bauchgefühl" von Hecke die Firma weiterzuentwickeln. Vergebens, die Arbeit machte keine Freude. Ich ging nach einem Jahr Hecke jeden Tag mit mehr Unlust zur Arbeit. Der Tropfen, der das Fass zum Überlaufen brachte, war folgende Begebenheit:

Hecke kam eines Tages zu mir ins Büro, wedelte mit einem kleinen Schlüsselanhänger und fragte mich, ob ich wüsste, was das sei. „Meines Erachtens ein Autoschlüssel", entgegnete ich. „Ja", sagte Hecke, das stimme, er habe sich einen neuen 450er Mercedes gekauft und bat mich, den Wagen zu betanken, da er mit seinem damaligen Verhältnis (er hat sie später geheiratet) zur Mühle wollte; das war sein späterer Alterssitz. Daraufhin bemerkte ich, dass er dafür keinen Geschäftsführer, sondern einen Tankwart brauche, und kündigte. Damit war die Ära Hecke beendet. Was hat sich dabei wieder bewahrheitet? Mache mit Freunden keine Geschäfte.

FZ –SÜDWEST

Nun bemühte ich die Buschtrommeln auf andere Art. Herrn Rosenbrock, den EDV-Koordinator der Frischdienst-Zentralen, habe ich wissen lassen, dass ich wieder frei wäre, um eine Aufgabe innerhalb der bundesweit tätigen Frischdienstgruppe zu übernehmen. Und siehe da, Herr Rosenbrock konnte das Interesse von Herrn Schumacher (Geschäftsführer der Molkerei Weideglück) wecken. Ich traf mich mit Herrn Schumacher im Flughafen Stuttgart-Degerloch zu einem Gespräch. Da Herr Schumacher zuvor von Herrn Rosenbrock über meine Kompetenz im Frischdienstbereich unterrichtet war, sind wir schnell einig geworden, dass ich in Neu-Ulm die Geschäftsführerposition bei der FZ Südwest übernehmen sollte.

Wieder hat mein guter Name in der Branche geholfen, sofort nach Hecke eine Geschäftsleitungsposition zu übernehmen. Was ich aber nicht wusste, waren die personellen Schwierigkeiten in Neu-Ulm auf der mittleren Managementebene. Es gab dort zwei Prokuristen, einen für Verkauf, den anderen für kaufmännische Verwaltung, die Herren Ellenrieder und Farger, die ich aus früheren Gesellschafterversammlungen und EDV-Ausschusssitzungen kannte. Ich weiß nicht, warum Herr Schumacher ein Interesse hatte, mich dazwischen zu setzen, er wollte uns wohl gegeneinander ausspielen.

Das konnte nicht gut gehen. Ellenrieder und Farger haben mir zwar ihre Loyalität versprochen, aber das waren nur Lippenbekenntnisse. Ich konnte die beiden sogar verstehen. Sie hatten die Firma mit aufgebaut und bekamen nun einen Geschäftsführer vor die Nase gesetzt. Der Intrigant aber war Schumacher. Es kam, wie es kommen musste. Ich kam in Neu-Ulm auf keinen grünen Zweig. Die beiden Prokuristen haben mich gegen Herrn Schumacher geschickt ausgespielt.

Geschäftlich konnte ich keine Meriten erwerben. Schumacher war natürlich bauernschlau. Der Hauptsitz der Milchwerke Schwaben befand sich in Stuttgart (Baden-Württemberg), die Produktion in Neu-Ulm (Bayern). Damit hat Schumacher hinsichtlich der Fördergelder für die Milchbauern jongliert. Grotesk waren auch die wöchentlichen Geschäftsleitungsgespräche, die montags um 7 Uhr 15 stattfanden. Daran nahmen Schumacher, der Verkaufsleiter der Molkerei, meine beiden Prokuristen und ich teil. Das lag an den Sonntagsgesprächen, die die Molkerei-Bosse untereinander geführt und sich nach allen Regeln der Kunst mit Gerüchten aller Art beschummelt haben. Über diese Sonntagsgespräche wollte uns Schumacher natürlich brühwarm berichten, obwohl sie für das Alltagsgeschäft nichts brachten.

Ich musste montags auch im Winter (über die Schwäbische Alb) so zeitig (3 Uhr) von zu Hause losfahren, damit ich um 7 Uhr 15 in Neu-Ulm zum Dienst kam. Meinen Vorschlag, die Besprechung am Montag-Nachmittag stattfinden zu lassen, begegnete Schumacher mit dem „Killersatz“, „das haben wir schon immer so gemacht“. Trotz Verlängerung meiner Probezeit sah ich das Ende meines Engagements in Ulm näher rücken. Ich hatte richtig gedacht. Schumacher wollte sich von mir trennen. Diesmal hielt ich mich bedeckt und habe auf die Kündigung gewartet. Sie kam etwa im Februar 1981.

Die Kündigung hatte Schumacher auf einem Briefbogen der Milchwerke Schwaben schreiben lassen. Ich habe das sofort erkannt und habe ihn hoch genommen. Der superschlaue Schumacher hatte übersehen, dass die Milchwerke Schwaben nicht mein Vertragspartner waren, sondern die FZ Südwest. Als ich ihn darauf hinwies und seine Kündigung für nichtig erklärte, geriet er außer sich. Da ich von meinem rechtlich zuständigen Arbeitgeber keine Kündigung besaß und die Probezeit abgelaufen war, gab ich Schumacher zu verstehen, dass er mir jetzt mit einer Frist von drei Monaten normal kündigen könnte; er schäumte förmlich über. Er wolle mich aber nicht mehr in der Firma sehen und hat mich freigestellt. Natürlich habe ich ihm meine Arbeitsleistung angeboten, um selbst keinen juristischen Fehler zu begehen. Auf diese Weise kam ich zu drei Monaten bezahltem Urlaub in Höhe von DM 30.000.--.

FZ-WEST

Mir war es recht, ich hatte ohnehin schon meine Fühler wieder über Herrn Rosenbrock nach Solingen ausgestreckt. Mir war zugetragen worden, dass Herr Schnitger mit meinem Nachfolger nicht gut zurechtkam. Also ließ ich ihn über Rosenbrock wissen, dass ich auf Anfrage für Solingen wieder zur Verfügung stehe. Schnitger, auch ein Schlitzohr, war nicht abgeneigt, mich wieder an seiner Seite zu haben, stellte mir aber zunächst eine nicht leichte Aufgabe, die Herr Wetzel (mein früherer Nachfolger) bisher nicht gelöst hatte. Von einem Großmarkt in Ludwigsburg hatte die FZ Solingen aus Lieferungen noch TDM 100 zu bekommen, die schon vier Wochen überfällig waren. Der Markt war in Liquiditätsschwierigkeiten und stand in Übernahmeverhandlungen mit der PLUS-Warenhandelsgesellschaft, einer Tochtergesellschaft von Tengelmann. Ich schlug vor, mit Herrn Wetzel zusammen nach Ludwigsburg zufahren, um das Geld einzutreiben.

Ich habe Wetzel mitgenommen, damit ich einen für die FZ autorisierten Geschäftsführer vor Ort dabei hatte. Im Großmarkt haben wir uns als Geschäftsführer der FZ und deren Rechtsbeistand (ich) vorgestellt. Wir verlangten den Leiter des Rechnungswesens zu sprechen. Der verlangte Herr erschien und fragte nach unserem Begehren. Ohne Umschweife verlangte Wetzel die Bezahlung der offenen Rechnungen. Wir ernteten nur ein selbstsicheres Lächeln. Er bestritt nicht die offenen Posten, meinte jedoch, die Rechnungen seien noch nicht endgültig geprüft. Damit gaben wir uns nicht zufrieden. Ich bedeutete ihm, wer im Lebensmittelhandel in vier Wochen noch keine Rechnungen prüfen kann, hat sein Rechnungswesen nicht im Griff. Er meinte, wir seien unverschämt und sollten gehen, er würde bald zahlen. Daraufhin erklärte ich ihm, dass wir ohne Geld nicht das Haus verlassen würden. Außerdem verlangte ich einen LZB bestätigten Scheck über die Gesamtsumme, andernfalls würden wir am kommenden Morgen zum Amtsgericht gehen und für seine Firma Konkurs anmelden. Zur Ergänzung fügte ich hinzu, dass er bei Nichtzahlung seinem Vorstand wohl erklären müsse, warum der Deal mit Plus wegen Konkurs ins Wasser gefallen ist; der ausgehandelte Preis sei dann sicher auch nicht mehr realisierbar.

Wir wünschten einen erfolgreichen Abend, sagten ihm, dass wir im „Mon Repos“ übernachten und morgen wieder auf der Matte stehen werden. Jetzt galt es hopp oder topp. Am anderen Morgen wurden wir mürrisch empfangen. Das störte uns aber nicht lange, denn wir bekamen unseren LZB bestätigten Scheck. Froh gelaunt fuhren Wetzel und ich nach Solingen zurück. Trotz des mitgebrachten Schecks ahnte Wetzel, dass Schnitger den Erfolg mir zuschreiben würde und er wohl in Solingen ausscheiden müsste. So kam es denn auch. Das Inkasso in Ludwigsburg war praktisch mein Eintrittsgeld in Solingen. Mit Schnitger war ich schnell einig, und ich übernahm im Frühjahr 1981 wieder meine Geschäftsführerposition in Solingen.

In Solingen hatte sich in der Zwischenzeit einiges getan. In der Kohlfurt war während meiner Abwesenheit ein neuer Betrieb größeren Ausmaßes entstanden. Entscheidend für die FZ war das neue Tiefkühlhaus, mit dessen Kapazität wir nun in der Lage waren, das TK-Geschäft weiter auszubauen. Wichtig war vor allem, dass Aldi mitgezogen hatte.

Der Umsatz war mittlerweile auf insgesamt DM 200 Mio. angewachsen; damit konnte man auskömmlich wirtschaften. Mittlerweile hatten wir auch die Firma Anton Münstermann (Eigentümer Schnitger) mit ihrem Sortiment TKK, Butter, Eier sowie Käse komplett übernommen und bei uns integriert. Das übernommene Personal konnten wir gut im Tiefkühlhaus einsetzen, weil sie Erfahrung hatten. Kurz nachdem ich wieder in Solingen war, trug sich folgende Kuriosität zu: Herr Schumacher, der mich in Ulm für nicht geeignet hielt, kam nach Solingen und wollte von mir wissen, wie man die Belieferung von TKK organisieren kann. Das hätte er in Ulm einfacher und besser haben können.

Durch die Zugehörigkeit zum „Bremer Modell", das als wesentlichen Pfeiler die Produktneutralität pflegte, hatten wir Schwierigkeiten, einen geeigneten Kapitalgeber in der Milchwirtschaft zu finden. Es ist allgemein bekannt, dass Großhandelsunternehmen über eine in der Regel knappe Kapitaldecke verfügen. Schnitger und ich haben uns immer wieder bemüht, einen stillen Teilhaber zu finden. Wir führten etliche Gespräche mit den Milchwerken Wuppertal (Herrn Strunk), deren Produkte wir ohnehin im Sortiment hatten. Die Führung der FZ-Gruppe (Herr Ahlbrand) war immer dagegen, hatte aber selbst Lünebest (Dr. Stamer) im Rücken. Auch andere FZ-Mitglieder waren gestützt von Molkereien wie z.B. Essen von Borgmann (Privatmolkerei) oder FZ-Südwest von den Milchwerken Schwaben (genossenschaftliche Molkerei).

Die Geschäfte in Solingen liefen ordentlich. Wir mussten aber immer auf der Hut sein, dass nicht andere Großhändler uns Filialketten abwarben. Denn es ist nicht leicht, einen Umsatzverlust von DM 20 Mio. oder mehr auszugleichen. Das regionale Filialunternehmen Stüssgen, das in Köln ansässig war, wollten wir schon immer beliefern. Anfang des Jahres 1983 war es dann so weit. Schnitger und Fendel (unser Ein- und Verkaufsleiter) hatten in Köln bei Stüssgen verhandelt. Sie kamen mit einem Abschluss über DM 25 Mio. und meinten im Freudenton, jetzt haben wir praktisch unsere Pension verdient (Originalton Fendel). Ich sah mir den Vertrag an und musste mit Erstaunen feststellen, dass die beiden Herren eine Gesamthandelsspanne von nur 4% ausgehandelt hatten, die auf keinen Fall zur Kostendeckung ausreichen konnte. Stüssgen war auch kein einfacher Kunde, weil er ums Überleben kämpfte. Das ging sogar so weit, dass er uns bei Käselieferungen das Gewicht der Käserinden in Abzug brachte.

Zwischenzeitlich war Schnitger an mich herangetreten und erklärte, dass seine beiden Vettern und er der Meinung seien, mich an der FZ zu beteiligen. Ich freute mich über diesen Vorschlag, zeigte er mir doch, dass die Inhaber mit mir sehr zufrieden waren. Ich stimmte zu, hatte aber nicht gleich einen Notartermin verabredet. Später stellte sich diese Nachlässigkeit von mir als großer Fehler heraus.

Im Hinblick auf die weitere Beschäftigung in Solingen beschlossen Anny und ich, schon einmal eine Eigentumswohnung dort zu kaufen. Für insgesamt TDM 110 habe ich in der Wuppertaler Straße ein Appartement mit Sauna und Schwimmbad (zwei Zimmer, Küche, Bad – 55 qm) gefunden.

Die Stüssgen-Belieferung entwickelte sich zum Flop. Auf weitere Einzelheiten einzugehen lohnt sich hier nicht. Die Region Coop Wuppertal haben wir verloren. Für die Übernahme der Düsseldorfer Kaiser‘s-Kaffee-Filialen mussten wir TDM 200 an Eintrittsgeld zahlen. Es wurde eng in Solingen. Warum hat es mich da nicht überrascht, dass Peter und Heiner Münstermann ihre KG und GmbH-Anteile an Wilke Berlin (auch eine Frischdienst Zentrale) verkauften? Schnitger hatte damals sicher den Berlinern, die jetzt Zweidrittel-Inhaber waren, meine Verabschiedung versprochen. Wenn ich, wie oben dargestellt, Gesellschafter gewesen wäre, hätte man mich nicht ohne weiteres loswerden können. Es kam natürlich, wie es kommen musste. Die Berliner erhoben Anspruch auf die kaufmännische Leitung der FZ Solingen. Ohne Streitereien trennten wir uns einvernehmlich. In die 1983er Bilanz hatte ich ihnen aber noch ein verstecktes Osterei gelegt, das sie nie gefunden haben, obwohl ich es ihnen gesagt habe.

RUMMLER PERSONALLEASING

Zur Rummler-Gruppe gehörten fünf oder sechs Firmen, die sich mit Zeitarbeit befassten. Um eine einheitliche Verwaltung zu schaffen und Synergieeffekte zu nutzen, gab es die Firma Bedi, die als Holding fungierte. Bei dieser zentralen Verwaltungsfirma hatte ich mich beworben und wurde als Prokurist eingestellt. Mit dem Gehalt blieb ich auf dem Level der FZ.

Ab 01.01.1984 war ich für die Rummler-Gruppe bzw. Bedi tätig. Damals wie heute hatte die Zeitarbeit keinen guten Ruf, weil sie ideologisch von links kritisiert wurde. Praktisch war sie ein probates Mittel, um einerseits Arbeitslosigkeit zu senken und andererseits bei Firmen Personalengpässe schnell zu beheben. Die Verleihung von Arbeitnehmern war sehr stark reglementiert, vor allem in zeitlicher Hinsicht. Im Bereich der Werkverträge war man beweglicher, da der Werkvertrag ja in der notwendigen Zeit abgearbeitet werden musste. Wir haben uns auf beiden Ebenen bewegt.

Soweit ich mich erinnere, war damals die Arbeitnehmerüberlassung auf sechs Monate für einen Arbeitnehmer pro Firma begrenzt. Unsere Geschicklichkeit bestand nun auch darin, den Arbeitnehmer nach sechs Monaten von der Entleiherfirma zurückzunehmen und ihn woanders unterzubringen; ab und zu musste dabei etwas getrickst werden; die Tricks kann ich leider nicht verraten. Wenn damals wie heute die Gewerkschaften für die entliehenen Arbeitnehmer gleiche Löhne wie für Festangestellte fordern, geht das an der Realität vorbei. Denn die Leiharbeiter sind nach wie vor Angestellte der Verleihfirma und müssen sich nach deren Gegebenheiten richten. Dort werden auch alle gesetzlichen Abgaben geleistet. Wenn in der Verleihfirma unterschiedlich Löhne je nach Arbeitsplatz des Entliehenen gezahlt würden, gäbe es dort Unruhen. Die Gewerkschaften sollten öfter auch mal die Vorteile der Leiharbeit sehen:

Der Arbeitnehmer ist nicht mehr arbeitslos, er zahlt in die Sozialkassen ein und hat die Chance, beim Entleiher in ein festes Arbeitsverhältnis zu wechseln.

Der Entleiher kann seinen Personalengpass kurzfristig beheben, Umsatz steigern, Gewinn erhöhen und mehr Steuern zahlen. Der Zeitarbeitnehmer ist zwar vom Abrechnungsgehalt des Verleihers her nominell teurer als der Festangestellte beim Entleiher, braucht aber dafür keine Soziallasten, Urlaub und Krankheitsausfälle zu tragen; vorübergehend ist es eine echte Win-win-Situation.

Herr Rummler, der selbst früher Handwerksgeselle war, hatte einen Professoren-Freund, der die Leiharbeit wissenschaftlich bekleidete. In diesem Zusammenhang hatte ich u.a. die Aufgabe, eine Expertise über „Management auf Zeit" zu fertigen. Das wäre für pensionierte Manager eine Möglichkeit gewesen, im Alter als freier Mitarbeiter auf Zeit noch Projekte zu realisieren, ohne fest angestellt zu sein. Die leihende Firma brauchte dann keinen teuren Manager fest anzustellen, also wieder eine Win-win-Situation. Sowohl Rummler als auch der Professor fanden meine Expertise gut.

In der Bedi hatten wir rund 3.000 Mitarbeiter verwaltungsmäßig zu betreuen. Neben Lohn- und Gehaltsabrechnungen, Fakturierungen, Abrechnungen im Sozialbereich sowie Meldewesen gab es reichlich zu tun. Hinzu kamen noch die Buchhaltungen und das sonstige Rechnungswesen für alle Rummler-Firmen. Geschäftsführer der Bedi waren die Herren Henn und Niephaus. Ich sollte nach einem Jahr Nachfolger von Henn werden, da er in den Ruhestand wechseln wollte.

Rummler selbst war ähnlich gestrickt wie Hecke, jedoch Neuerungen gegenüber sehr aufgeschlossen. Seine Sekretärin war meistens damit beschäftigt, Wertpapiercoupons von den Bögen zu trennen und sie den Banken zur Einlösung vorzulegen. Es lief alles recht gut, ich hatte sogar eine eigene Sekretärin.

Etwa Mitte des Jahres 1984 beschloss die Geschäftsleitung mit meiner Zustimmung, ein Verwaltungshandbuch zu erstellen. Herr Niephaus hatte festgelegt, dass jeder Abteilungsleiter für seinen Bereich einen Entwurf zu liefern hat, den ich redaktionell auf einen höheren Fertigungsgrad bringen sollte. Es gab Abteilungsleiter für Lohn und Gehalt, Personal, Buchhaltung und EDV. Alle sagten mir ihre Unterstützung zu, aber mit Ausnahme von Herrn Fabrizius hat niemand geliefert. Alle anderen haben mich mit der probaten Ausrede der Vielbeschäftigung belatschert. Das Projekt war vom Termin her in Gefahr. Ich hatte wohl übersehen, dass die Damen und Herren Abteilungsleiter ihren Beitrag zum Verwaltungshandbuch absichtlich boykottierten, damit ich nicht reüssiere (kölsche Klüngel).

Noch ein anderes Beispiel dafür: Herr Rummler wünschte, dass ich die Geschäftsführer der Tochtergesellschaften zu einer bestimmten Maßnahme in ihren Firmen bewegen sollte. Er gebot mir aber, den Geschäftsführern nicht zu sagen, dass dieser Wunsch von ihm selber sei. Alle haben natürlich erst mal zugestimmt. Nach einer gewissen Zeit erkundigte ich mich nach dem Erfolg der angestoßenen

Maßnahme. Ja, sagten sie, Herr Rummler habe nachträglich meine Idee nicht mehr so gut befunden. Das heißt, hinter meinem Rücken haben die Geschäftsführer bei Rummler antichambriert und mein Vorhaben, das ja das Rummlersche war, torpediert (Kölsche Klüngel, Teil 2).

Diese Vorgehensweisen häuften sich. Als ich Niephaus mitteilte, dass von den Abteilungsleitern nichts Verwertbares für das Verwaltungshandbuch kam, machte er mich dafür verantwortlich. Ich bot an, das Verwaltungshandbuch selbst zu schreiben, er lehnte jedoch ab. Ich sollte die Mitarbeiter motivieren, ihren Beitrag zu liefern. Ich habe viel versucht, aber es ging nicht. Der eine wollte schreiben, konnte aber nicht, der oder die andere konnte, wollte aber nicht. Da saß ich nun mit meinem Talent. Niephaus war stur, er machte unsere Zusammenarbeit von seiner Vorgehensweise beim Verwaltungshandbuch abhängig. Ich versuchte ihm klar zu machen, dass ein brauchbares Handbuch von mir besser sei als ein unbrauchbares von den Abteilungsleitern. Es half nichts, wir gingen auseinander.

WEICHSELBAUMER-MÜNCHEN

Schon saß ich wieder in der Tinte. Während der FZ-Zeit hatte ich mich mit Manfred Weichselbaumer, der zwischenzeitlich den Frischdienst in München gekauft hatte, etwas angefreundet; die Firma hieß Hindelang & Niederreuther. Ich rief Manfred an und fragte, ob er mich gebrauchen kann. Natürlich sagte er, für München suchte er einen Niederlassungsleiter, ich solle sofort kommen. Gesagt, getan. Per Handschlag wurden wir uns einig. In München angekommen, erkundigte ich mich bei Manfred nach meinem Gehalt. Was ich denn wollte, war die Gegenfrage. Zumindest eine Summe, die über der Beitragsbemessungsgrenze lag, damit ich für die Altersversorgung weiterhin die Höchstbeiträge zahlen konnte. Außerdem würde mir als Niederlassungsleiter sicher ein Firmenwagen zur Verfügung stehen. Manfred war einverstanden

Es war Anfang Juli 1985. In München hatte ich mir ein Appartement in der Größe von 20qm für DM 400,-- gemietet. Bei einem Lagerrundgang während der Einarbeitungszeit sah ich etliche Mitarbeiter – auch auf dem Gabelstapler – mit Bierflaschen in der Hand. Ich sprach den Lagerleiter an und wies ihn auf die Gefahren des Alkoholgenusses während der Arbeit hin. Sofort konnte ich ihn für ein Alkoholverbot bei der Arbeit gewinnen. Als ich meinen Wunsch nach Alkoholverbot den anderen Mitgliedern der Geschäftsleitung vortrug, guckten sie mich nur mitleidig an und sagten, dass das in München nicht durchsetzbar sei, die Lagerkollegen würden eher kündigen als aufs Bier verzichten. Ich bedeutete ihnen, dass wir zumindest rechtlich in Schwierigkeit bei einem Unfall kämen, falls wir keinen Hinweis am schwarzen Brett über das Alkoholverbot hätten. Wir haben einen Kompromiss ausgehandelt: Der Hinweis am schwarzen Brett bleibt, aber die Geschäftsleitung duldet zum Frühstück eine Flasche Bier.

In München gab es die gleichen Schwierigkeiten wie in Neu-Ulm. Alle wichtigen Abteilungen waren zwar mit fähigen alten Hindelang-Mitarbeitern besetzt, die aber keinen Chef von außen dulden wollten. Außerdem konnten diese leitenden Mitarbeiter nicht verstehen, warum Hindelang an Weichselbaumer verkauft hatte. Innerhalb der FZ-Gruppe war Manfred das enfant terrible. Da Manfred mich in München eingesetzt hatte, aber selten zugegen war, bekam ich den Frust der alten Hindelanger ab. Dann kam der erlösende Anruf aus Frankfurt von meinem Freund O. Rechthaber, der Vorstand bei der coop Bank eG geworden war. Er brauche einen Innenleiter, der die Bankverwaltung von Hamburg nach Frankfurt transferieren half. Ich sagte sofort zu. Im Frankfurter Flughafen verhandelten Dr. Lösch (Vorstandsvorsitzender der Bank), Ortwin und ich über meine Anstellung und wurden einig. In München eröffnete ich Manfred, dass ich ein Angebot einer Frankfurter Bank habe, das ich annehmen würde. Er war überrascht und meinte, dass ich das nicht machen könne.

„Sehr wohl kann ich das, weil du mir bis heute noch keinen Vertrag gegeben hast“, antwortete ich. Das könne man doch sofort nachholen. Ich gab ihm zu verstehen, dass es jetzt zu spät sei. Frankfurt, ich komme.

COOP BANK eG

Die coop Bank war eine Genossenschaft, an der einzelne coop-Gesellschaften beteiligt waren. Den Genossen halfen wir mit Wechselkrediten, um deren Liquiditätsengpässe zu überbrücken. Das Hauptgeschäft bestand allerdings in der Führung der Finanzabteilung der Coop AG. Vorstände waren Dr. Lösch, das Vorstandsmitglied des Konzerns Casper und Wilfried Schlitt. Für den Geldhandel waren die Prokuristin Roth und der Prokurist Keller zuständig. Die Abwicklung des Geldhandels lag in den Händen der Prokuristin Syyslahty (einer Finnin). Mir war das Ressort Buchhaltung, Rechnungswesen, EDV und Organisation vorbehalten.

Am 1.10.1985 begann ich meinen Dienst in Frankfurt. Ich war froh, wieder in Frankfurt zu sein. Ins Bankgeschäft arbeitete ich mich erstaunlich schnell wieder ein. Zuerst galt es, das Rechnungswesen, das damals noch in Hamburg gehandelt wurde, nach Frankfurt zu überführen. Das klappte reibungslos, zumal es in Hamburg wegen Pensionierung des Bearbeiters keinen Arbeitsplatz kostete. Zunächst erledigten wir in Frankfurt die Bankbuchhaltung mittels PC. Von Dauer konnte dieser Zustand aber nicht bleiben, da die Bank ja in Zukunft die Geschäfte der Finanzabteilung des Konzerns übernehmen sollte.

Also begannen wir nach brauchbarer Bankensoft- und -hardware zu recherchieren. In Hamburg konnten wir uns bei einem Privatbankenhaus erkundigen. Zu dritt machten wir uns auf den Weg. O. Rechthaber mit dem PKW, Herr Gebauer (EDV-Leiter) und ich flogen nach Hamburg. Bei der Bank in Hamburg konnten wir gute Erkenntnisse sammeln und waren uns schnell einig, dass wir auch so verfahren wollten. Als Hardware planten wir, eine IBM 36 anzuschaffen. Im Softwarebereich befassten wir uns mit der Firma Actis, die bereits erfolgreich Bankensoftware auf den Markt gebracht hatte. Selbst zu programmieren erschien uns zu langwierig. Auch hatten wir damals nicht die entsprechenden Mitarbeiter, die sich mit EDV im Bankwesen auskannten.

Die Rückfahrt von Hamburg nach Frankfurt gestaltete sich problematisch. Rechthaber bestand darauf, dass Gebauer und ich unsere Flugtickets zurückgaben und mit ihm per PKW fahren sollten. Normalerweise kein Problem, aber an diesem Tag fing es an zu schneien, und ich hatte abends einen Tanzstunden-Termin. Rechthaber war nicht zu bewegen, uns fliegen zu lassen; das war nicht fair von ihm. Unterwegs hielten wir öfter die Luft an, da Rechthaber unbedingt beweisen wollte, wie gut er auch bei Schneetreiben das Auto beherrschte.

In den ersten drei Monaten muss ich wohl in der Bank einen guten Eindruck gemacht haben, sodass man meine Probezeit beendete und mich zum Prokuristen bestellte. Zu der Zeit wohnten wir in Wiesbaden-Nordenstadt, und Ortwin holte mich morgens zur Fahrt nach Frankfurt-Niederrad ab. Unser Haus hatten wir damals aus finanziellen Gründen an unsere amerikanischen Freunde vermietet; dazu mehr im späteren privaten Teil meiner Erinnerungen.

Der coop-Konzern hatte zu meiner Zeit 129 sogenannte Hausbankkonten, die von uns als Finanzabteilung zentral gemanagt werden mussten. Für alle Kontobewegungen musste aus Sicherheitsgründen ein Code benutzt werden, dessen eine Hälfte der Kollege Schlitt wusste, während die zweite Hälfte von mir beigesteuert wurde. Wie leichtsinnig man mit Sicherheitscodes umgehen kann, zeigt folgendes Beispiel: Als Schlitt eines Tages in Urlaub gehen wollte, fragte ich ihn, wer seine Codehälfte bekommen sollte. Nachdem er bei seinen Überlegungen anscheinend keinen Kollegen benennen konnte, gab er mir seine Codehälfte mit dem Hinweis auf meine Ehrlichkeit. Danach hätte ich auf den Konten Millionenbeträge hin und her schieben können, bis sie erschöpft auf meinem Privatkonto liegen geblieben wären. Aber dafür stand mir wie immer meine Ehrlichkeit im Wege.

Unsere Bankensoftware hatten wir zusammen mit anderen Instituten bei der Firma Actis in Auftrag gegeben. Wichtig war vor allem das Meldewesen. Banken müssen sehr viel an die LZB und das Bundesaufsichtsamt für das Kreditwesen melden Die wichtigsten Meldungen betreffen Eigenkapital, Grundsätze über kurz- und langfristige Kredite, Liquidität, Millionenkredite, Großkredite und Organkredite. Diese sowie fast hundert andere Bestimmungen sind im Kreditwesengesetz (KWG) geregelt. Man muss nicht alles wissen, aber im Zweifel wissen, wo etwas Einschlägiges steht. Für alle Nichtbänker füge ich das Inhaltsverzeichnis der Beck'schen Textausgabe des KWG (Consbruch/Möller-Bähre/Schneider) bei.

Kreditwesengesetz-Textausgabe

Schnellübersicht (Stand Januar 1997)

Das Tagesgeschäft war nicht schwer. Sorgen machte uns der Konzernvorstand, der mittlerweile völlig abgehoben hatte. Ihn interessierten nicht mehr die Kunden, sondern nur noch die Vergrößerung ihres „Imperiums“. Der Vorstandsvorsitzende Herr Dr. Otto ließ sich bei einem Interview nur noch mit seiner Hand auf dem Globus fotografieren. Der Vorstand glaubte, Größe sei alles. Anfangs meinten sie noch, durch den Zusammenschluss von zahlreichen Regional-coop-Gesellschaften, die alle (außer Dortmund) im Verlustbereich arbeiteten, könnte ein großes ertragreiches Unternehmen entstehen. Diese Verfahrensweise klappt nur, wenn ein gutes Unternehmen dabei ist. Nach und nach gehörten zum coop-Konzern in Deutschland etwa 300 und zum Schweizer Garvay-Konzern gleich viele Firmen an. Der Größenwahn des für den Handel zuständigen Vorstands Hoffmann ging sogar so weit, dass wir als Bänkchen eine Orgelmusik-Edition finanzieren mussten.

Es wurde alles mit Kredit finanziert, die Liquidität, die für ein Handelsunternehmen äußerst wichtig ist, war mager. Es war erstaunlich, wie leicht die coop zu Krediten kam. Im kurzfristigen Bereich (Geldhandel) haben die meisten Banken der Coop Bankenkonditionen eingeräumt, ohne zu wissen, wie sich die wahren wirtschaftlichen Verhältnisse der coop darstellten. Die coop hat es geschickt vermieden, den Banken ihre Wirtschaftsprüfungsberichte einzureichen. Hier haben die meisten Banken sehr leichtfertig gehandelt und daher am Schluss auch zu Recht viel Geld verloren. Alle Banken handelten nach dem Motto, wenn „die und die“ dabei sind, müssen wir auch. Die Banken konnten sich am Schluss auch nicht mit dem Argument des Nichtwissens herausreden, da sie alle über die Millionenkreditliste Bescheid wussten. Wie naiv musste man eigentlich sein, wenn man sah, dass die coop bei über hundert Banken mit insgesamt mehr als zwei Milliarden DM kurzfristig verschuldet war; langfristig waren es auch zwei Mrd.

Die coop-Bank bekam einen neuen Vorstandsvorsitzenden namens Hoffmann, ehemaliger Filialleiter der BfG. Ungetrübt von jeder Sachkenntnis wollte er natürlich unsere Bank zu einem größeren Institut ausbauen. Also wurden neue Leute seines Vertrauens eingestellt. Unsere Räume in der Konzernzentrale waren für Herrn Hoffmann nicht gut genug. Neue Räume in der Innenstadt wurden angemietet, obwohl wir keinen Publikumsverkehr hatten. Hinzu kam noch eine größere EDV-Anlage.

Wöchentlich übergab ich Herrn Hoffmann ein Chart über die Entwicklung der kurz- und langfristigen Verschuldung des Konzerns. Wochenlang keine Reaktion, dann, eines Tages, lobte er mich und meinte, mein Monatschart wäre doch sehr informativ – ich weinte innerlich.

Eine andere Episode betraf den Konzernvorstand. Als ich auf meiner Etage dem Aufzug entstieg, übergab mir eine Vorstandssekretärin eine Unterschriftenmappe mit dem Hinweis, ich solle den inwendigen Scheck unterschreiben. Ich schlug die Mappe auf und fand einen Scheck über 360 Millionen DM. Auf meine Nachfrage, wofür der Scheck sei, bekam ich keine Antwort. Jetzt stand ich da. War der Betrag fällig? Keine Unterlage. Was machen? Unterschrieb ich ihn, ohne dass er fällig war, konnte das mich Zinsen kosten, die mein Gehalt bei weitem überstiegen hätten. Unterschrieb ich zu spät oder gar nicht, wären mir Verzugszinsen angelastet worden. Ich unterschrieb, weil ich am Vortage mitbekommen hatte, dass wir etwa DM 500 Mio angeschafft hatten, um den Kauf des Filialisten Schade und Füllgrabe zu bezahlen.

Der Vorstand wusste aber nicht, dass ich Kenntnis hatte. Meines Erachtens darf ein Vorstand aber die Loyalität eines Untergebenen nicht auf derartige Weise strapazieren. Wäre der Deal schiefgegangen, hätte der Vorstand die Verantwortung mit Sicherheit auf mich geschoben. Wie provokativ sich der Vorstand den Mitarbeitern gegenüber verhielt, mag eine andere Begebenheit zeigen. Just zur Mittagszeit, wenn viele Mitarbeiter den Aufzug benutzten, um zur Kantine zu gelangen, stand Herr Dr. Otto im Lift. Mit seinem Golfbag war er auf dem Weg zur Driving Range. Während der Abwärtsfahrt bekundete er den mitfahrenden Kolleginnen und Kollegen, dass er für sie spielen werde, da er sie ja nicht alle mitnehmen könnte.

Es kam, wie es kommen musste. Ein Prokurist der Bank, den man bei der Postenverteilung absichtlich oder unabsichtlich vergessen hatte, wendete sich an die Presse und deckte die dubiosen Finanzmanipulationen auf. Der Niedergang kam ins Rollen, die coop ging pleite. Die Kriminalpolizei untersuchte während des Konkursverfahrens, ob ggf. ein verschleppter oder betrügerischer Ruin vorlag. Am Rande des Verfahrens wurde ich befragt, wofür ich die früher angeführten DM 360 Mio. ausgegeben hätte. Wie schon gesagt, es war die Kaufpreiszahlung für Schade und Füllgrabe.

Wir schrieben das Jahr 1989, ich war 53 Jahre alt, der coop-Konzern pleite, die Coop Bank eG ohne Aussicht auf weitere Betätigung. Die coop bot mir an, weiter bei ihr tätig sein zu können. Aber was sollte ich bei einer sich auflösenden Firma auf Dauer tun? Bekam ich in meinem Alter noch eine adäquate Arbeitsstelle? Mittlerweile hatte das BAK (Bundesaufsichtsamt für Kreditwesen) der coop empfohlen, die Bank freiwillig zu liquidieren. Das wurde so beschlossen, und ich wurde mit der Liquidation beauftragt. Damit waren zumindest die folgenden zwei Jahre finanziell abgesichert. Daneben habe ich mich mit Zustimmung der coop um eine andere Stelle bemüht.

SANWA BANK (DEUTSCHLAND) AG

Eine japanische Bank – die Sanwa Bank – suchte für ihre gerade gegründete Aktiengesellschaft in Frankfurt einen Innenleiter. Bei der Sanwa Bank handelte es sich um die drittgrößte Bank weltweit. Ich bewarb mich und erhielt einen Vorstellungstermin. Vom Verlauf des Vorstellungsgesprächs hatte ich einen guten Eindruck, weil ich merkte, dass die Japaner Wert auf Erfahrung legten. Nach kurzer Zeit wurde ich zu einem zweiten Gespräch eingeladen. Ich erfuhr dort, dass ich in der engeren Wahl war. Ein anderer Bewerber war in der Einschätzung der Japaner mit mir gleichauf. Entscheidend war wohl die Frage von Dr. Alenfeld, ob ich das Wertpapiergeschäft kennen würde. Hätte ich nein gesagt, wäre wohl mein Mitbewerber zum Zuge gekommen.

Ich sagte aber ja und bekam die Stelle. Die Sanwa Bank Deutschland AG bot mir einen Fünfjahresvertrag als Bevollmächtigter an, dem ich zustimmte. Meine Gehaltsforderung von DM 110.000 jährlich wurde akzeptiert. Man bedeutete mir aber, dass meine offizielle Arbeitszeit nur sechs Stunden täglich betragen dürfe. Das hinge mit der japanischen Denkweise zusammen, wonach ein Japaner nicht einem Ausländer unterstellt sein dürfe. Als teilzeitbeschäftigter Innenleiter sahen sie in Tokio diese Bedingung als erfüllt an. Nach der Probezeit stattete man mich mit Vollmachten aus. Ich war zuständig für den gesamten Innenbereich wie Rechnungswesen, EDV, Betriebsorganisation, Meldewesen und Personal.

Meinen Dienst bei der Sanwa Bank nahm ich am 01.11.1989 auf. Zuvor noch eine nette Episode. Bevor ich bei der Sanwa Bank anfangen sollte, hatten Anny und ich einen Besuch bei Mary und Neal in Amerika geplant. Nach unserer Ankunft in San Francisco ließen wir uns von einem Taxi zum Hotel fahren. Dabei konnten wir erleben, wie ungeheuer groß die Stadt ist. Der Taxifahrer hatte die Orientierung verloren, fuhr auf einen Parkplatz an der rechten Straßenseite und suchte nach dem richtigen Weg in der Straßenkarte. Währenddessen schaute ich an dem Gebäude hoch, zu dem der Parkplatz gehörte. Siehe da, es war die Sanwa Bank. Wenn das kein gutes Omen war. Ein kaum denkbarer Zufall.

Meine erste Aufgabe neben dem Tagesgeschäft bestand in der Verfassung des internen Regelwerkes für die einzelnen Geschäftssparten. Ich hatte damit auf Grund meiner theoretischen Vorkenntnisse keine Probleme. Aber unser Chefhändler, der für den Wertpapierhandel die Regeln und Anweisungen verfassen sollte, hatte damit Schwierigkeiten; er war halt nur guter Praktiker. Wir beide machten einen hervorragenden Deal. Ich half ihm, die verwaltungsmäßige Seite des Wertpapierhandels zu bearbeiten, und er beriet mich auf der Handelsseite. So habe ich doch noch meine Zusage – wenn auch etwas verspätet – eingehalten, das Wertpapiergeschäft zu kennen.

Nach einem Jahr, als ich fest im Sattel saß, erfuhr ich durch Zufall, dass der Vorstand meine wesentlichen Anordnungen und Handlungen im Innenbereich extern hatte überprüfen lassen. Anscheinend habe ich immer richtig gelegen, da ich fortan den Spitznamen „Professor“ hatte. Es lief gut. Ich hatte viel Freiraum. Jetzt bot man mir an, auch ganztags zu arbeiten. Ich stimmte unter der Bedingung zu, mein Gehalt ebenfalls anzupassen. Diese Schlitzohrigkeit konnte ich durchsetzen, da mein früherer Verhandlungspartner nicht wusste, dass mein Anfangsgehalt schon für einen Achtstundentag galt.

Herr Dr. Ahlenfeld war vor seinem Engagement bei der Sanwa Bank Direktor bei der BHF Bank und betreute dort als Jurist die ausländischen Vertragsverhandlungen. Er beherrschte die englische und die französische Sprache perfekt in Wort und Schrift. Da er in der Sanwa Bank nur Alibi-Vorstand war, d.h. kein Ressort hatte, formulierte er für mich die Auslandskorrespondenz. Mir war geholfen, und er hatte etwas zu tun. Bei den Kollegen durfte ich allerdings nicht darüber reden, um unser Image nicht zu gefährden. Warum Alibi-Vorstand? Gesetzlich war für Auslandsbanken vorgeschrieben, ein deutsches Vorstandsmitglied zu installieren. Damit sollte sichergestellt werden, dass deutsches Recht bei Auslandsbanken ohne Sprachschwierigkeiten zur Anwendung kommt.

Im Jahre 1993 gehörte ich zu den weltweit ausgesuchten Teilnehmern eines bankinternen Seminars in Tokio. Im Vorfeld musste ich über meine Arbeit in Frankfurt ausgiebig berichten. In Tokio wohnten wir in einem Hotel, das natürlich auch der Sanwa Bank gehörte. Am ersten Abend lud mich ein früherer japanischer Kollege aus Frankfurt zum Abendessen ein. Da ich mit einem Spesenbudget ausgestattet war, bat ich ihn, bezahlen zu dürfen. Das lehnte er kategorisch ab, ich sei ja ohnehin Gast in Japan. Wir genossen ein normales japanisches Abendessen, das für zwei Personen rund DM 400,-- kostete, die mein Kollege bezahlte. Vier Wochen später schickte er mir die Rechnung nach Frankfurt; das war eine sogenannte „japanische Einladung". Fortan nahm ich nur noch deutsche Einladungen an.

Während der Seminarwoche wurden wir als ausländische Gäste natürlich auch im Bankbetrieb herumgeführt. Dabei konnten wir feststellen, dass es für die Tagesarbeit überwiegend Großraumbüros gab, in denen etwa 60 Mitarbeiter ihren Dienst versahen. Diese Büros füllten sich morgens hierarchisch von hinten. An der Spitze saß der Bürovorsteher alleine. Abends ging es in umgekehrter Reihenfolge nach Hause. Es gab zweierlei weibliche Mitarbeiterinnen, die Office-Ladies und die Career-Ladies. Office-Ladies trugen Uniform und verrichteten einfache Büroarbeiten, während die Career-Ladies avanciert waren, qualifizierte Dienste leisteten und keine Uniformen trugen.

Mir hatte man eine Career-Lady zur Seite gestellt, die sehr gut deutsch sprach. Als ich sie im Lauf der Woche zum Abendessen einladen wollte, sagte sie dankend ab, weil ihr Chef das nicht erlaube. Also haben wir uns in der Mittagspause unter Aufsicht in der Kantine getroffen, wo es japanische und westliche Kost gab. Dann erfuhr ich von ihr, dass sie demnächst zur Sanwa nach London musste, um dort ein neues EDV-Programm zu installieren. Ich bot ihr an, wenn sie schon in London sei, könne sie mich doch übers Wochenende in Massenheim besuchen. Sie hatte Bedenken, ob ihr Londoner Chef das erlauben würde. Die Neugierde war scheinbar größer, sie kam doch. Es war gerade Hochheimer Markt, an dem sie viel Gefallen fand. Später erfuhr ich, dass sie in Deutschland noch studiert hat.

In der Japanwoche war ich Zeuge einer kuriosen Zeremonie. Vor einem dieser schon erwähnten Großraumbüros hatte sich ein Mitarbeiter der Personalabteilung samt

Schreibtisch aufgebaut. Er rief nacheinander die Mitarbeiter einzeln aus dem Büro zu sich und übergab einen Brief, in dem sich die Gehalts- oder Bonusabrechnung des jeweiligen Mitarbeiters befand. Jedem Briefempfänger gab er einen lobenden oder tadelten Kommentar. Bei einem anderen Bild musste ich auch schmunzeln. In einem der besagten Großbüros hatten mit einer Ausnahme alle Mitarbeiter einen PC zur Verfügung. Mittendrin saß ein älterer Japaner und arbeitete mit einem Abacus – köstlich, wie das aussah.

Ab Donnerstag in der Seminarwoche durfte ich mein früheres Vorstandsmitglied aus Frankfurt in Kobe besuchen. Ich fuhr mit dem „Shinkansen" dorthin. Mir wurde die seltene Ehre zuteil, von Herrn Habuta zu Hause in seiner Familie empfangen zu werden. Ein Besuch in der Sanwa Bank Kobe war selbstverständlich. Abends war ich mit Habuta von dessen Chef zum Sushi-Essen eingeladen (deutsche Einladung). Freitags besuchten Habuta und ich noch einen Freizeitpark und dann ging's über Tokyo wieder nach Hause.

Wie schon früher gesagt, haben Banken an die Aufsichtsbehörden zahl- und umfangreiche Meldungen abzugeben. Meine Kontakte zur Firma Aktis, mit der ich schon bei der coop Bank zusammengearbeitet hatte, nutzte ich nun auch für die Sanwa. Das Meldewesen haben wir gemeinsam gestaltet. Zu melden waren Grundsätze, Auslandsstatus, Millionenkredite, Groß- und Organkredite. Im Grundsatz I waren die angemessenen Eigenmittel, die Bilanzaktiva und die Risikoaktiva der Bank darzustellen. Der Grundsatz II gab Auskunft über die langfristige Liquidität bzw. Balance in den Fristigkeiten. Die kurzfristige Liquidität wurde im Grundsatz III dargestellt. Im Laufe eines Monats musste immer darauf geachtet werden, dass vor allem die ausgewogene Liquidität vorhanden war; der Finanzierungsüberschuss im Grundsatz II konnte dabei im Grundsatz III angerechnet werden. Die Grundsätze mussten zwar monatlich zu melden sein, sollten aber auch während des Monats eingehalten werden. Der Auslandsstatus war wöchentlich und monatlich zu melden. Jeder Millionenkredit ist meldepflichtig. Die LZB fertigt aus diesen Meldungen eine Gesamtliste, die sie wiederum den Banken zur Verfügung stellt. Organkredite, d.h. Ausleihungen an Geschäftsleiter, Prokuristen, verbundene Unternehmen und dgl., sind auch meldepflichtig. Ein Großkredit liegt vor, wenn die Ausleihung 10% des haftenden Eigenkapitals übersteigt.

In der Satzung war vorgeschrieben, dass der Vorstand mindestens einmal im Monat eine Sitzung abhält und die Beschlüsse in einem Protokoll niederlegt. Das waren die Japaner nicht gewohnt, also haben sie es auch nicht gemacht. Da ich aber die Bank revisionssicher halten wollte, habe ich einfach wichtige Sachverhalte als Sitzungsinhalt protokolliert und vom Gesamtvorstand unterschreiben lassen.

Im weiteren Verlauf meiner Tätigkeit habe ich versucht, das Wechseldiskontgeschäft zu etablieren. Anfangs hatte ich auch mit meiner Idee Erfolg. Von der Sanwa Düsseldorf kaufte ich einige Wechselabschnitte in Millionenhöhe. Bezogener war der Autohersteller Toyota, Aussteller die Sanwa Düsseldorf. Wir fungierten als Indossant. Damit waren drei gute Unterschriften auf den Wechseln, und die LZB kaufte sie ohne weiteres an. Unsere Diskontmarge zur Sanwa betrug 1/8%. Als das International-Departement in Tokyo merkte, dass ich mit dem Wechselgeschäft Geld ohne Kapitaleinsatz verdient habe – also risikolos – verboten sie das Wechselgeschäft, weil sie es nicht kannten und nicht sein darf, was nicht sein kann.

Durch Dr. Ahlenfeld hatte ich noch andere Vorteile. Da er kein eigenes Ressort hatte, studierte er intensiv die einschlägige Presse. Da ich mit dem Tagesgeschäft stark eingespannt war, blieb mir kaum Zeit, auch noch die Zeitungen durchzusehen. Mit der gebotenen Höflichkeit bat ich Dr. Ahlenfeld, mir doch wichtige Passagen aus den Zeitungen zu markieren, so dass ich auch informiert war. Er tat es gerne, bat mich aber, den anderen nichts davon zu sagen. Warum sollte ich? Die Händler hatten ihren Bildschirm, ich aber Dr. Ahlenfeld. Ab und zu kam Ulrike zum Mittagessen ins Tritonhaus. Eines Tages trafen wir auf dem Flur Dr. Ahlenfeld. Ich stellte ihm Ulrike vor. Im Gespräch erfuhr Dr. Ahlenfeld von Ulrike, dass sie Ökotrophologin war. Sofort kam die Sprache auf Butter. Ulrike erklärte ihm die Vorzüge dieses Naturproduktes und wies darauf hin, dass der Körper Fett brauche. Dr. Ahlenfeld war beeindruckt. Am nächsten Tag stürmte er in mein Büro und erklärte freudig: „Ich esse jetzt Butter, die schmeckt sehr gut, die Margarine überlasse ich den anderen."

Mitte der 90er Jahre hatten wir Schwierigkeiten mit unseren Krediten an russische Banken, sie schwächelten. Wir standen vor der Frage, diese Kredite zu verkaufen oder teilweise abzuschreiben. Ich plädierte zwar für das Behalten dieser Ausleihungen, weil ich der festen Überzeugung war, dass Russland diese Banken nicht pleite gehen lassen würde. Die Japaner waren anderer Meinung und verkauften sie zur Sanwa nach England mit einem Abschlag von 70%. Unser Verlust betrug rd. DM 30 Mio. Daraufhin stockte uns Tokyo das Eigenkapital um die gleiche Summe auf, weil sie uns am Anfang sozusagen diese Kredite als Starthilfe aufs Auge gedrückt hatten.

Daraus entstand jedoch für uns ein Steuerstreit mit dem Finanzamt Frankfurt. Die Finanzbehörde wollte unseren rechnerischen Verlust nicht anerkennen, weil die Muttergesellschaft ihn ausgeglichen hatte. Auf Anraten unserer Steuerberatungsgesellschaft haben wir Einspruch eingelegt. Es war abzusehen, dass das verfügende Finanzamt unserem Einspruch nicht abgeholfen hat. Nicht nur ich, sondern alle Berater und Fachleute haben geraten, gegen die Einspruchsentscheidung zu klagen. Letztlich hat mir der Aufsichtsrat verboten, Klage zu erheben. Diese Entscheidung hängt mit der japanischen Mentalität zusammen. Japaner wollen alles in Harmonie (= „Sanwa") beilegen, sie tun sich sehr schwer mit sachlichem Streit.

Banken, ob groß oder klein, müssen ihre Jahresabschlüsse von unabhängigen Wirtschaftsprüfern oder WP-Gesellschaften prüfen lassen. Am Ende dieser Prüfungen sollte folgender Bestätigungsvermerk stehen:

Dem beigefügten Jahresabschluss zum ... und dem Lagebericht für das Geschäftsjahr ... der Sanwa Bank (Deutschland) Aktiengesellschaft, Frankfurt am Main, erteilen wir den folgenden Bestätigungsvermerk:

„Die Buchführung und der Jahresabschluss entsprechen nach unserer pflichtgemäßen Prüfung den gesetzlichen Vorschriften. Der Jahresabschluss vermittelt unter Beachtung der Grundsätze ordnungsmäßiger Buchführung ein den tatsächlichen Verhältnissen entsprechendes Bild der Vermögens-, Finanz- und Ertragslage der Kapitalgesell-

schaft. Der Lagebericht steht im Einklang mit dem Jahresabschluss."

Als Abschlussprüfer hatte der Aufsichtsrat die Arthur Andersen WP-Gesellschaft bestellt. Ich war froh und zufrieden, dass die von mir gefertigten Abschlüsse immer den uneingeschränkten Vermerk des Abschlussprüfers erhalten haben.

Japaner haben kein duales Ausbildungssystem wie wir Deutschen. Ausgebildet und gelernt wird in Japan nach dem Prinzip Learning bei Doing. Deshalb ist es für Japaner schwer, in Zusammenhängen zu denken und Sachverhalte einzuordnen. Wenn ein Projekt initiiert werden soll, arbeiten mindestens vier Ebenen daran. Sachbearbeiter, Gruppenleiter, Abteilungsleiter und Entscheider (Senior Managing Direktor). Die Sachbearbeiter sammeln Material, erarbeiten – wenn sie können – einen Vorschlag. Diese Unterlagen gehen gebündelt an den Gruppenleiter, der das Material sichtet und bei Bedarf durch weiteres Papier ergänzt. Sein Konvolut übergibt er dem Abteilungsleiter oder Manager, der es wiederum mit eventuellen Ergänzungen an den Entscheider weitergibt. Wenn dem Entscheider die Idee und der Stapel Papier groß genug erscheint, segnet er das Projekt ab, ohne dass er es ganz durchgelesen hätte. Geht mit dem Projekt etwas schief, sind die unteren Ebenen schuld, da sie Ihm nicht die richtigen Analysen geliefert haben. Alles nicht schlimm, man entschuldigt sich und macht weiter wie bisher.

Im Zusammenhang mit unserem Tresor (etwa eine Tonne schwer) gab es eine lustige Geschichte. Eines Tages schloss ich den Tresor auf und zog wohl etwas stark an der

Tür, sodass eine Türlasche abriss. Als ich die Japaner informierte und dazurief, war deren Entsetzen groß. Einerseits bewunderten sie meine Stärke, andererseits waren sie voller Sorge, weil wir für die Folgewoche die japanische Innenrevision erwarteten. Es durfte nicht sein, dass die Revision einen offenen Tresor vorfand. Schnell konnte ich einen Tresorbauer finden, der den Schaden behob.

Die Japaner konnten nicht leiden, wenn ich schimpfte. Deshalb habe ich mich umgestellt und künftig die Tresormethode angewandt. Immer wenn ich zu tadeln hatte, erklärte ich, das Tresorspiel mit ihnen zu veranstalten. Das genügte, um sie wieder in die richtige Spur zu bringen.

Während meiner Zeit bei Sanwa erlebte ich drei Vorstandsvorsitzende, die Herren Kanai, Shimizu und Kono. Herr Shimizu lud mich eines Tages zum Mittagessen ein. Wir gingen in ein nahe gelegenes Restaurant. Beim Essen fragte er mich, wie ich über das zweite japanische Vorstandsmitglied denken würde. Ich erklärte ihm, dass es mir nicht zustünde, einen Vorgesetzten, nämlich den Kollegen Yamaguchi, zu kritisieren. Shimizu insistierte. Ich fragte ihn, ob er eine diplomatische oder eine ehrliche Antwort haben wolle. Er bestand auf einer ehrlichen Antwort. Ich sagte ihm, dass unser Kollege mit den ihm zugedachten Aufgaben überfordert sei. Aber, wandte Shimizu ein, Yamaguchi wäre doch sehr fleißig. „Ja", gestand ich, „aber wenn ein Vorstandsmitglied nur die Statistiken für Tokyo fertigt und fachlich nichts hinbringt, ist er bei uns fehl am Platz."

Wie weit Yamaguchi von der Realität entfernt war, drückte seine Frage an mich aus: „Warum können wir bei einem deutschen Finanzamt keine japanische Steuererklärung abgeben?“

Daraufhin fragte ich ihn, ob es denn umgekehrt ginge.

Bevor ich zur Sanwa kam, hatten sich die Japaner eine teure Telefon-Händleranlage aufdrängen lassen, die im Endeffekt nicht nach den Händlerwünschen funktionierte. Ich sollte Abhilfe schaffen. Es ist allgemein bekannt, dass man aus geschlossenen Verträgen nicht herauskommt, es sei denn, man kann dem Verkäufer eine Schlechterfüllung des Vertrages nachweisen. Die Telefongesellschaft hatte gegen unsere Kündigung zur Unzeit geklagt. Es waren zwei Verhandlungstage vor dem Landgericht Stuttgart nötig, um schließlich einen gerichtlichen Vergleich zu schließen. Gegen Zahlung von DM 100.000,-- Abstand sind wir aus dem Vertrag entlassen worden. Unsere neue Anlage von T&N hat dann nach den Vorstellungen unserer Händler funktioniert. An der Abstandssumme hat sich T&N beteiligt, so dass der Vergleich vertretbar war.

Herr Dr. Ahlenfeld verstarb gegen Jahresende 1996. Zusammen mit unserem Vorsitzenden ging ich zur Beerdigung nach Kronberg. Dr. Ahlenfeld war Ritter des Johanniter-Ordens. Die Ordensritter zogen bekleidet mit ihren Umhängen in die Kapelle ein. Der Pfarrer teilte der Trauergemeinde mit, dass Dr. Ahlenfeld seine Trauerfeier genau geplant habe. Wir sollten das Lied „Geh aus mein Herz und suche Freud“ singen. Wir sangen mit Ergriffenheit. Bei der Predigt sagte der Pfarrer auch kritische Worte, wie es Dr. Ahlenfeld gewünscht habe. Sie hätten oft im Kirchenvorstand auch sachlich hart gestritten, aber am Ende den erreichten Kompromiss mit einer Flasche Rotwein besiegelt. Hört sich zwar blöd an, war aber eine tolle

Trauerfeier. Als ich einige Tage später Dr. Ahrenfelds Dienstwagen in Kronberg abholte, traf ich auch seine Tochter, die selbst Ärztin war, und fragte sie, ob ihr Papa nach seinem Schlaganfall nicht zu retten gewesen wäre. „Doch", antwortete sie, „aber wir wollten keinen gelähmten Rollstuhlpapa. Deshalb haben wir ihn auf Familienbeschluss einschlafen lassen."

So, nun hatten wir das deutsche Vorstandsmitglied verloren. Vorstand und Aufsichtsrat beschlossen, einen weiteren deutschen Vorstand einzustellen. Bei der Suche stellten die Japaner fest, dass es teuer sein würde. Als Shimizu mit mir darüber sprach, schlug ich ihm vor, mich zu nehmen. Ich würde weiterhin meine Arbeit machen, sei etwas preiswerter als Dr. Ahlenfeld und würde auch in Zukunft loyal mit dem japanischen Vorstand zusammenarbeiten. Shimizu war nicht abgeneigt und wollte meinen Vorschlag dem Aufsichtsrat vortragen, da er mich am besten beurteilen konnte. Mein Vorschlag kam bei dem Aufsichtsrat offenbar gut an, denn am 27.2.1997 wurde ich für zwei Jahre zum Vorstand bestellt.

Nun musste nur noch das Bundesaufsichtsamt für Kreditwesen meiner Berufung zustimmen. Dazu steht im Kreditwesengesetz:

Die fachliche Eignung der in § 33 Abs. 1 Satz 1 Nr. 4 genannten Personen für die Leitung eines Instituts setzt voraus, dass sie in ausreichendem Maße theoretische und praktische Kenntnisse in den betreffenden Geschäften sowie Leitungserfahrung haben. Die fachliche Eignung für die Leitung eines Instituts ist regelmäßig anzunehmen, wenn eine dreijährige leitende Tätigkeit bei einem Institut von vergleichbarer Größe und Geschäftsart nachgewiesen wird.

Ich hatte keine Zweifel, dass die Voraussetzungen bei mir gegeben waren, bat aber aus Vorsichtsgründen den „Ersten Direktor“ der Landeszentralbank in Frankfurt um eine Empfehlung an das BAK. Seine Antwort lautete: „Die in Berlin sollen sich nur nicht anstellen, sonst sage ich denen mal Bescheid!“ Mit Shimizu flog ich nach Berlin, um dem Bundesaufsichtsamt meine Aufwartung zu machen. Der zuständige Regierungsdirektor dort unterhielt sich angeregt mit Shimizu über unsere Bank und sagte zum Schluss, als Vorstand müsse ich aber das Ressort „Risk-Management“ übernehmen. Dem konnte ich als ehemaliger Abschlussprüfer leichten Herzens zustimmen. Damit war ich als Geschäftsleiter vom BAK bestätigt. Meinen früheren Kritikern aus dem Bekannten- und Freundeskreis konnte ich nun ganz bescheiden mitteilen, dass ich es geschafft hatte.

Meine Vorstandszeit verlief ohne Komplikationen. Shimizu wurde abberufen. Kono und ich führten die Bank zu zweit weiter. Ein weiteres Highlight meiner Tätigkeit waren die Bank- und Industrieemissionen, die ich mit meiner Unterschrift in Umlauf gebracht habe. Bald darauf beschloss unsere japanische Mutterbank, uns in Frankfurt als Wertpapierbank freiwillig aufzulösen. Hintergrund war die japanische Bankenkrise. Die japanische Regierung hatte der Sanwa Tokyo mitgeteilt, dass sie helfen würde, wenn außer der Niederlassung Düsseldorf keine nicht mehr unbedingt notwendige Bank bestehen würde. Für mich war das kein Problem, da mein Vertrag bis Ende 1999 lief, und ich danach mit Kono zusammen zum Liquidator bestellt wurde. Wir mussten das Gläubigerschutzjahr abwarten. In dieser Zeit wickelten wir die Sanwa Frankfurt bis Anfang Herbst 2000 ab. Den Liquidationserlös von über DM 2.000.000,-- habe ich an Sanwa Düsseldorf ausgekehrt. Danach ging ich froh gelaunt in Rente. Nachfolgend noch die wichtigsten Auszüge aus dem von mir verfassten Geschäftsbericht des Jahres 1997.

ORGANE DER BANK

AUFSICHTSRAT

Vorsitzender

Shigetoshi Ando
Senior Managing Director &
Head of Capital Markets and Treasury Division
der Sanwa Bank Ltd.

MITGLIEDER:

Tomoyuki Fuji, stv. Vorsitzender

Tamaki Tsuchiya

VORSTAND

Nobuyuki Kono, Vorsitzender

Erich J. Gonder

b) ANLAGEN GEMÄSS § 12 KWG

Für die Relation nach § 12 KWG vor Änderung durch die sechste Novelle kommen nur die Sachanlagen mit TDM 468 in Betracht. Ihr Anteil am haftenden Eigenkapital beträgt 0,6%; damit sind die gesetzlichen Vorschriften eingehalten.

Da keine bedeutenden Beteilungen im Sinne von § 12 KWG nach der Änderung durch die sechste Novelle gehalten werden, sind auch die Begrenzungen nach § 12 KWG nach der Änderung durch die sechste Novelle eingehalten.

INVESTMENTS ACCORDING TO SEC. 12 KWG.

Only property, plant and equipment of KDM 468 qualify for the relation according to sec. 12 KWG after the sixth amendment of the KWG. They make up a portion of 0.6% of the liable equity, so that the legal requirements are fulfilled.

Because there are no significant investments according to sec. 12 KWG after the sixth amendment of the KWG the restrictions according to sec. 12 KWG after the amendment are also fulfilled.

c) LIQUIDITÄT

Sie war während des gesamten Geschäftsjahres gut und hat keine Beeinträchtigung erfahren. Ein Fälligkeitsvergleich der Aktiv- mit den entsprechenden Passivposten zeigt, daß sie kongruent refinanziert sind. Demzufolge waren auch die Grenzen der nach § 11 KWG einzuhaltenden Grundsätze II und III nie überschritten.

Die Bank ist Mitglied des Einlagensicherungsfonds des Bundesverbandes deutscher Banken.

LIQUIDITY

Liquidity was good throughout the entire fiscal year and not subject to a detrimental development. A comparison of maturities of the assets with the corresponding liabilities shows that they are refinanced at matching maturities. Consequently, the limits of the principles II and III to be complied with pursuant to sec. 11 KWG were in no case exceeded.

The bank is a member of the deposit protection fund of the Federal Association of German Banks (Bundesverband deutscher Banken).

ERTRAGSLAGE

RESULT OF OPERATIONS

	1997 TDM/KDM	1996 TDM/KDM	Veränderung/ Change TDM/KDM	
Überschuß der Zinserträge über die Zinsaufwendungen	4.537	4.754	-217	Interest Result
Provisionsüberschuß	563	150	413	Commission Result
Saldo aus Finanzgeschäften	-402	-229	-173	Result from financial transactions
Operatives Ergebnis	4.698	4.675	23	Operating income
Personalaufwand	-2.030	-2.499	469	Personnel expenses
Sachaufwand	-1.887	-2.111	224	Other operating expenses
Abschreibungen auf Sachanlagen und immaterielle Anlagewerte	-142	-171	29	Depreciation on property, plant and equipment and intangible assets
Ertrag- und vermögensunabhängige Steuern	-1	-7	6	Taxes non related to income and net worth
Betriebssteuern	-893	-1.273	380	Operating taxes
Saldo aus übrigen Erträgen und Aufwendungen	1,116	1.440	-324	Result from other income and expenses
	-3.837	-4.621	784	
Jahresüberschuß	861	54	807	Net income for the year
Einstellung in die Gewinnrücklagen	-43	-3	-40	Transfer to the revenue reserves
Bilanzgewinn	818	51	767	Retained earnings

Das operative Ergebnis hat sich leicht verbessert (TDM 23). Der Rückgang des Saldos aus den sonstigen Erträgen und Aufwendungen (TDM 324) konnte durch Senkung der Verwaltungsaufwendungen (TDM 728) und der Betriebssteuern (TDM 380) erheblich überkompensiert werden, so daß ein Jahresüberschuß von TDM 861 verbleibt.

BEZIEHUNGEN ZU VERBUNDENEN UNTERNEHMEN

Der Bericht des Vorstandes über die Beziehungen zu verbundenen Unternehmen im Geschäftsjahr 1997 schließt mit folgender Erklärung: "Der Vorstand erklärt, daß die Bank bei allen Geschäften mit verbundenen Unternehmen nach den Umständen, die im Zeitpunkt des Geschäftsabschlusses bekannt waren, eine angemessene Gegenleistung erhielt. Berichtspflichtige Maßnahmen haben im Geschäftsjahr nicht vorgelegen."

VORAUSSICHTLICHE ENTWICKLUNG DER BANK

Nach Schluß des Geschäftsjahres sind keine Vorgänge von besonderer Bedeutung eingetreten, die die wirtschaftliche Lage der Bank beeinträchtigen könnten. Auch im Jahre 1998 stehen der Wertpapierhandel und das Emissionsgeschäft im Vordergrund. Die Bank ist bemüht, ihre Ertragslage zu verbessern; der Ausgangspunkt ist günstig, da mit den Zinserträgen aus der Anlage der Wertpapiere des Anlagenvermögens fast alle Aufwendungen gedeckt werden können.

BERICHT DES AUFSICHTSRATS

Über die wichtigen Geschäftsvorgänge und die Lage der Gesellschaft hat der Vorstand den Aufsichtsrat regelmäßig unterrichtet.

Der Aufsichtsrat hat die Geschäftsleitung aufgrund ihrer Berichterstattung überwacht und die ihm nach den Gesetzen obliegenden Aufgaben wahrgenommen.

Jahresabschluß und Lagebericht für das Geschäftsjahr 1997 wurden dem Aufsichtsrat vorgelegt.

The operating income was subject to a slight increase (KDM 23). The bank was able to offset the decrease in the result from other income and expenses (KDM 324) to a great extent by a reduction in administration expenses (KDM 728) and taxes (KDM 380), so that the result is a net income of KDM 861.

RELATIONSHIPS WITH AFFILIATED ENTERPRISES

The report of the Management Board on the relationships with affiliated enterprises during the fiscal year 1997 ends with the following declaration: "The Management Board declares that the Bank received adequate compensation in respect of all transactions with affiliated enterprises based on the circumstances known at the time of the conclusion of the transaction. There were no actions to be reported during the fiscal year".

FORESEEABLE DEVELOPMENT OF THE BANK

No material events occurred subsequent to year-end that could prejudice the economic situation of the Bank. In 1997 the Bank's business is again focused on securities trading and the issue business. The Bank strives to improve its results of operations; the starting point is favourable, as almost all expenses are covered by the interest income from the investment in the fixed-asset securities.

STATEMENT OF THE SUPERVISORY BOARD

The Board of Directors reported regularly to the Supervisory Board on all important transactions and the situation of the bank.

The Supervisory Board has audited the Management with respect to their reporting and exercised its legal functions.

The annual financial statements for the year 1997 were presented to the Supervisory Board.

Arthur Andersen hat den Jahresabschluß und den Lagebericht für das abgelaufene Geschäftsjahr unter Einbeziehung der Buchführung geprüft. Anlaß zu Beanstandungen ergab sich nicht.

Der Jahresabschluß wurde mit dem uneingeschränkten Bestätigungsvermerk versehen. Den Bericht der Abschlußprüfer hat der Aufsichtsrat zustimmend zur Kenntnis genommen und den vorgelegten Jahresabschluß gebilligt, der damit festgestellt ist.

Der Vorstand hat weiterhin dem Aufsichtsrat seinen Bericht über die Beziehungen zu verbundenen Unternehmen im Geschäftsjahr 1997 gemäß § 312 AktG sowie den hierzu von der Wirtschaftsprüfungsgesellschaft Arthur Andersen erstatteten Prüfungsbericht vorgelegt. Da die Prüfung keine Beanstandungen ergeben hat, ist von der Prüfungsgesellschaft folgendes Testat erstellt worden:
"Nach unserer pflichtgemäßen Prüfung und Beurteilung bestätigen wir, daß

1. die tatsächlichen Angaben des Berichts richtig sind,

2. bei den im Bericht aufgeführten Rechtsgeschäften die Leistung der Gesellschaft nicht unangemessen hoch war."

Der Aufsichtsrat nimmt von dem Bericht des Vorstandes über die Beziehungen zu verbundenen Unternehmen Kenntnis und erhebt keine Einwendungen gegen die Schlußerklärung des Vorstandes.

Dem Vorschlag des Vorstandes für die Verwendung des Bilanzgewinns stimmt der Aufsichtsrat zu.

Allen Mitarbeiterinnen und Mitarbeitern spricht der Aufsichtsrat Dank für die geleistete Arbeit aus.

Arthur Andersen has audited the financial statements and the Management report including the accounting. There were no objections.

The financial statements were rendered the unqualified auditor's opinion. The Supervisory Board agrees with the auditor's report and approves the financial statement which are thereby approved.

Furthermore the Board of Directors presented to the Supervisory Board his report on relationship with affiliated enterprises during the fiscal year 1997 according to sec. 312 AktG as well as the auditor's report presented by Arthur Andersen thereon. As the result of the review were no objections the auditors rendered the following opinion:

"According to our obligatory audit and assessment we confirm that

1. the real declarations of the statement are correct,

2. the reported legal transactions were not subject to a contribution that has to be considered inappropriately high."

The Supervisory Board takes note of Management's report on relationships with affiliated enterprises and does not raise any objections to the final declaration of the Board of Directors.

The Supervisory Board agrees with the Director's recommendation to use the unappropriated earnings.

The Supervisory Board says many thanks to all employees for the work performed.

Frankfurt am Main, den 20.5.1998

Nobuhiro Ito

SANWA BANK (DEUTSCHLAND) AG, FRANKFURT AM MAIN
BILANZ ZUM 31. DEZEMBER 1997

AKTIVA

	1997	
	DM	DM
1. Barreserve		
a) Kassenbestand	762,96	
b) Guthaben bei Zentralnotenbanken	53.341,58	54.104,54
darunter:		
bei der Deutschen Bundesbank		
DM 53.341,58		
2. Forderungen an Kreditinstitute		
a) täglich fällig	387.461,46	
b) andere Forderungen	3.590.176,30	3.977.637,76
3. Forderungen an Kunden		3.547,50
darunter:		
durch Grundpfandrechte gesichert DM 0,00		
Kommunalkredite DM 0,00		
4. Schuldverschreibungen und andere festverzinsliche Wertpapiere		
a) Geldmarktpapiere		
aa) von anderen Emittenten	22.816.424,06	
b) Anleihen und Schuldverschreibungen		
ba) von öffentlichen Emittenten	23.466.997,59	
bb) von anderen Emittenten	167.526.721,31	213.810.142,96
darunter: beleihbar bei der Deutschen Bundesbank DM 68.651.089,23		
5. Beteiligungen		61.600,00
darunter: an Kreditinstituten DM 0,00		
6. Sachanlagen		467.919,92
7. Sonstige Vermögensgegenstände		401.432,71
8. Rechnungsabgrenzungsposten		9.145,00
		218.785.530,39

BALANCE SHEET AS OF DECEMBER 31, 1997

ASSETS

1996 TDM	
	Liquid funds
1	Cash reserve
27	Balances with central banks
	thereof: with Deutsche Bundesbank DM 53.341,58
	Loans and advances to banks
1.140	repayable on demand
54.126	loans and advances
4.483	Loans and advances to customers
	thereof:
	secured by charges on property DM 0,00
	public sector loans DM 0.00
	Bonds and other fixed – interest securities
	Money market securities
0	by other issuers
	Bonds and debentures
12.360	by public issuers
185.228	by other issuers
	thereof: acceptable as collateral with Deutsche Bundesbank DM 68.651.099,23
62	Participations
	thereof: banks DM 0,00
386	Property, plant and equipment
406	Other assets
16	Prepaid expenses
258.234	

BILANZ ZUM 31. DEZEMBER 1997

PASSIVA

	1997		
	DM	DM	DM
1. Verbindlichkeiten gegenüber Kreditinstituten			
a) täglich fällig		3.000.262,60	
b) mit vereinbarter Laufzeit oder Kündigungsfrist		125.455.851,57	128.456.114,17
2. Verbindlichkeiten gegenüber Kunden			
a) andere Verbindlichkeiten			
ab) mit vereinbarter Laufzeit oder Kündigungsfrist			6.681.221,26
3. Sonstige Verbindlichkeiten			89.790,90
4. Rückstellungen			
a) Steuerrückstellungen			0,00
b) andere Rückstellungen			119.690,00
5. Eigenkapital			
a) gezeichnetes Kapital		80.000.000,00	
b) Kapitalrücklage		548.481,95	
c) Gewinnrücklagen			
ca) gesetzliche Rücklage	534.946,26		
cb) andere Gewinnrücklagen	2.537.384,21	3.072.330,47	
d) Bilanzgewinn		817.901,64	84.438.714,06
			218.785.530,39

BALANCE SHEET AS OF DECEMBER 31, 1997

LIABILITIES

1996 TDM	
	Liabilities to banks
0	payable on demand
168.625	with agreed terms or periods of notice
	Liabilities to customers
	Other liabilities
5.684	with agreed terms or periods of notice
163	Other liabilities
	Accruals
49	Accrued taxes
135	Other accruals
	Equity
80.000	Capital subscribed
548	Capital reserve
	Revenue reserves
492	Legal reserve
2.486	Other revenue reserves
52	Retained earnings
258.234	

SANWA BANK (DEUTSCHLAND) AG, FRANKFURT AM MAIN
GEWINN- UND VERLUSTRECHNUNG FÜR DAS GESCHÄFTSJAHR 1997

		1997	
	DM	DM	DM
1. Zinserträge aus:			
a) Kredit- und Geldmarktgeschäften	2.162.906,05		
b) festverzinslichen Wertpapieren und Schuldbuchforderungen	8.309.994,65	10.472.900,70	
2. Zinsaufwendungen		–5.936.162,65	4.536.738,05
3. Laufende Erträge aus			
a) Beteiligungen			9.680,00
4. Provisionserträge		969.723,68	
5. Provisionsaufwendungen		–407.101,31	562.622,37
6. Nettoertrag oder Nettoaufwand aus Finanzgeschäften			–402.091,17
7. Sonstige betriebliche Erträge			347.498,27
8. Allgemeine Verwaltungsaufwendungen			
a) Personalaufwand			
aa) Löhne und Gehälter	–1.825.110,37		
ab) Soziale Abgaben und Aufwendungen für Altersversorgung und für Unterstützung	–205.070,07	–2.030.180,44	
darunter: für Altersversorgung DM 25.099,00			
b) andere Verwaltungsaufwendungen		–1.887.033,70	–3.917.214,14
9. Abschreibungen und Wertberichtigungen auf immaterielle Anlagewerte und Sachanlagen			–141.761,75
10. Sonstige betriebliche Aufwendungen			–10.658,14
11. Erträge aus Zuschreibungen zu Forderungen und bestimmten Wertpapieren sowie der Auflösung von Rückstellungen im Kreditgeschäft			488,81
12. Abschreibungen und Wertberichtigungen auf Beteiligungen, Anteile an verbundenen Unternehmen und wie Anlagevermögen behandelte Wertpapiere		–287.162,81	
13. Erträge aus Zuschreibungen zu Beteiligungen, Anteilen an verbundenen Unternehmen und wie Anlagevermögen behandelten Wertpapieren		1.056.380,60	769.217,79
14. Ergebnis der normalen Geschäftstätigkeit			1.754.520,09
15. Steuern vom Einkommen und vom Ertrag			0,00
16. Sonstige Steuern, soweit nicht unter Posten 10 ausgewiesen			–893.571,00
17. Jahresüberschuß			860.949,09
18. Gewinnvortrag aus dem Vorjahr			51.686,83
19. Einstellungen in Gewinnrücklagen			
a) in die gesetzliche Rücklage – gemäß § 150 Abs. 2 AktG			–43.047,45
b) in andere Gewinnrücklagen			–51.686,83
20. Bilanzgewinn			817.901,64

ANHANG ZUM JAHRESABSCHLUSS 1997

I. ALLGEMEINE ANGABEN

Der Jahresabschluß der Sanwa Bank (Deutschland) AG für das Geschäftsjahr 1997 wurde nach den Vorschriften des Handelsgesetzbuches, des Aktiengesetzes und des Kreditwesengesetzes aufgestellt. Die Aufstellung erfolgte unter Beachtung der Vorschriften der Verordnung über die Rechnungslegung der Kreditinstitute (RechKredV) vom 10. Februar 1992 in der Fassung der Bekanntmachung vom 18. Juni 1993.

Die Sanwa Bank (Deutschland) AG ist eine 100%ige Tochtergesellschaft der The Sanwa Bank, Limited, Osaka. Das Grundkapital beträgt DM 80 Mio. und ist in 80.000 Inhaberaktien im Nennwert von DM 1.000,00 eingeteilt. Der Konzernabschluß der Muttergesellschaft ist in der Filiale Düsseldorf erhältlich.

II. BILANZIERUNGS- UND BEWERTUNGSMETHODEN

Folgende Bilanzierungs- und Bewertungsmethoden fanden im Jahresabschluß 1997 Anwendung

NOTES TO THE FINANCIAL STATEMENTS FOR THE YEAR 1997

GENERAL REMARKS

The financial statements of Sanwa Bank (Deutschland) AG for the fiscal year 1997 have been prepared in accordance with the provisions of the Handelsgesetzbuch (Geman Commercial Code [HGB]), the Aktiengesetz (Corporation Law [AktG]) and the Kreditwesengesetz (Banking Law [KWG]). In the preparation of the financial statements the provisions of the Bank Accounting Directive (Verordnung über die Rechnungslegung der Kreditinstitute [RechKredV]) of February 10, 1992, as amended by the announcement of June 18, 1993, have been observed.

Sanwa Bank (Deutschland) AG is a 100% subsidiary of The Sanwa Bank, Limited, Osaka. The share capital amounts to DM 80 million and is split up into 80,000 bearer shares at a nominal value of DM 1,000.00 each. The consolidated financial statements of the parent company are available at the Düsseldorf branch.

ACCOUNTING AND VALUATION POLICIES

The following accounting and valuation policies were applied in the preparation of the financial statements as of December 31, 1997

Methoden · Methods	Positionen · Positions
Nennbetrag · Nominal amount	Barreserve · Cash reserve Sonstige Vermögensgegenstände · Other assets Sonstige Verbindlichkeiten · Other liabilities Eigenkapital · Equity
Nennbetrag zuzüglich anteiliger Zinsen · Nominal amount plus accrued interest	Forderungen an Kreditinstitute und Kunden · Loans and advances to banks and customers
Anschaffungskosten · Acquisition cost	Beteiligungen · Participations

Methoden	Methods	Positionen	Positions
Gemildertes Niederstwert-prinzip	Modified lower of cost or market principle	Schuldverschreibungen und andere festverzinsliche Wertpapiere, die wie Anlagevermögen behandelt werden	Bonds and debentures treated as fixed assets
Strenges Niederst-wertprinzip	Lower of cost or market principle	Schuldverschreibungen und andere festverzinsliche Wertpapiere des Handelsbestandes	Bonds and debentures treated as current assets
Anschaffungs-kosten abzüglich anteiliger Ab-schreibungen ge-mäß festgelegter Nutzungsdauer	Acquisition cost less accumulated depreciation according to fixed useful lives	Sachanlagen	Property, plant and equipment
Vollabschreibung im Anschaffungsjahr	Full depreciation in the year of acquisition	Geringwertige Wirtschaftsgüter	Low-value items
Aktivierung vorausbe-zahlter Aufwendungen	Capitalization of prepaid expenses	Aktive Rechnungsab-grenzungsposten	Prepaid expenses
Rückzahlungsbetrag zuzüglich aufgelaufener Zinsen	Repayment amount plus accrued interest	Verbindlichkeiten gegenüber Kreditinstituten	Liabilities to banks
Für das Berichtsjahr noch zu erwartende Aufwendungen (Aufwandsabgrenzung)	Expenses still to be expected for the reporting period (accrual basis of accounting with respect to expenses)	Rückstellungen	Accruals
Imparitäts- und Realisationsprinzip	Imparity principle and realization principle	Aufwendungen und Erträge	Expenses and income

Forderungen und Verbindlichkeiten in fremder Währung werden entsprechend den Vorschriften des § 340 h HGB bewertet.

Receivables and liabilities in foreign currencies are valued in accordance with the provisions of sec. 340 h HGB (Handelsgesetzbuch [Commercial Code]).

III. ANGABEN ZUR BILANZ

Forderungen an verbundene Unternehmen sind mit TDM 70 nur in der Position "Forderungen an Kreditinstitute" enthalten (Vorjahr TDM 41.037).

Mit Ausnahme von drei Anleihen in Höhe von insgesamt nom. DM 16 Mio, die dem Handelsbestand zugeordnet wurden, wurden alle anderen Anleihen und Schuldverschreibungen wie Anlagevermögen bewertet. Durch die Bewertung zu Anschaffungskosten wurden Abschreibungen in Höhe von TDM 965 vermieden.

Die Wertpapiere des Handelsbestandes wurden gemäß § 253 Abs. 3 HGB zum strengen Niederstwertprinzip bewertet. Im Geschäftsjahr 1997 wurden Abschreibungen auf den niedrigeren Kurswert zum Bilanzstichtag in Höhe von TDM 38 vorgenommen.

Von den wie Anlagevermögen bewerteten Anleihen und Schuldverschreibungen wurden fünf Anleihen durch sieben Interest Swaps unterlegt. Die Wertpapiere und die Interest Rate Swaps werden als Bewertungseinheit angesehen. Die anteilig abgegrenzten Ausgleichszahlungen aus den Interest Rate Swaps (TDM 5.714) abzüglich des anteilig abgegrenzten laufenden Zinsen aus den Swaps (TDM 32) sind in den Verbindlichkeiten gegenüber Kunden enthalten.

In dem Posten "Schuldverschreibungen und andere festverzinsliche Wertpapiere" sind nicht börsennotierte Anleihen in Höhe von nominal DM 120,3 Mio. enthalten.

Das Sachanlagenvermögen ist zu Anschaffungskosten, vermindert um planmäßige Abschreibungen angesetzt. Die angewandten Abschreibungssätze entsprechen den steuerlichen Vorschriften.

Beim Sachanlagenvermögen wird von der Vereinfachungsregelung des Abschn. 44 Abs. 2 EStR Gebrauch gemacht. Geringwertige Wirtschaftsgüter werden gemäß § 6 Abs. 2 EStG im Jahr des Zugangs voll abgeschrieben.

EXPLANATIONS TO THE BALANCE SHEET

Receivables from affiliated enterprises of KDM 70 are only included in the item "Loans and advances to banks" (prior year TDM 41.037).

Except three bonds in the amount of nom. DM 16 Mio which are determined as trading stock all other bonds, commercial papers and debentures are valued like fixed assets. Depreciation in the amount of KDM 965 was avoided due to the valuation at acquisition cost.

Securities treated as current assets were valued with regard to sec. 253 para 3 commercial law according to the lower of cost or market principle. In fiscal year 1997 the securities were depreciated by KDM 38 to the lower market price.

Five bonds out of the bonds and debentures valued as fixed assets have been hedged by seven interest rate swaps. The underlying securities and the respective interest rate swaps are treated as a valuation unit. The pro rata temporis accrued compensation payments on the interest rate swaps (KDM 5,714) less the pro rata temporis accrued current interest on the swaps (KDM 32) are included in liabilities to customers.

"Debentures and other fixes-interest securities" include unlisted bonds in the nominal amount of DM 120,3 million.

Property, plant and equipment has been valued at acquisition cost less regular depreciation. The applied depreciation rates conform with tax regulation.

With respect to property, plant and equipment, the simplification rule of § 44 para. 2 EStR (Einkommenssteuerrichtlinien [Income Tax Regulation]) has been applied. Low-value items are fully written off in the year of acquisition according to sec. 6 para. 2 EStG (Einkommensteuergesetz [Income Tax Law]).

ENTWICKLUNG DES ANLAGEVERMÖGENS IM GESCHÄFTSJAHR 1997
DEVELOPMENT OF FIXED ASSETS

	Anschaffungskosten • Acquisition cost						
	1. Jan. 1997 DM	Zugänge Additions DM	Zuschreibungen Write up DM	Abgänge Disposals DM	Währungsumrechnung F/X Translation DM	31. Dez. 1997 DM	
I. SCHULDVERSCHREIBUNGEN UND ANDERE FESTVERZINSLICHE WERTPAPIERE							DEBT SECURITIES AND OTHER FIXED-INTEREST SECURITIES
A. Geldmarktpapiere							Money market paper
1. von anderen Emittenten	0,00	22.745.665,13	70.758,93	0,00	0,00	22.816.424,06	issued by others
B. Anleihen und Schuldverschreibungen							Bonds and Debentures of
1. von öffentlichen Emittenten	12.175.414,97	32.408.000,00	8.335,33	21.640.000,00	0,00	22.933.750,30	public issuers
2. von anderen Emittenten	183.184.223,41	69.670.900,00	1.578.933,90	104.969.961,73	769.802,02	149.634.494,60	other issuers
	195.359.638,38	124.905.537,13	1.690.056,16	126.609.961,73	769.802,02	195.284.668,96	
II. BETEILIGUNGEN							PARTICIPATIONS
1. Deutsche Börse AG, Frankfurt am Main	61.600,00	0,00	0,00	0,00	0,00	61.600,00	Deutsche Börse AG, Frankfurt am Main
	61.600,00	0,00	0,00	0,00	0,00	61.600,00	
III. SACHANLAGEN							PROPERTY, PLANT AND EQUIPMENT
1. EDV-Software	882.316,19	66.383,75	0,00	0,00	0,00	948.699,94	EDP software
2. Büro- und Wohnungsausstattung	377.337,21	0,00	0,00	63.934,73	0,00	313.402,48	Office and apartment furnishings
3. EDV-Hardware	924.478,47	24.256,10	0,00	24.957,76	0,00	923.776,81	EDP hardware
4. Einbauten in gemieteten Gebäuden	127.025,69	0,00	0,00	0,00	0,00	127.025,69	Fixtures in non-owned buildings
5. Kraftfahrzeuge	97.000,00	0,00	0,00	0,00	0,00	97.000,00	Motor vehicles
6. Büromaschinen	100.851,50	0,00	0,00	0,00	0,00	100.851,50	Office equipment
7. Geringwertige Wirtschaftsgüter	14.146,81	5.516,69	0,00	0,00	0,00	19.663,50	Low value items
8. geleistete Anzahlungen	0,00	128.000,00	0,00	0,00	0,00	128.000,00	Prepayments
	2.423.155,87	224.156,54	0,00	88.892,49	0,00	2.558.419,92	
	197.844.391,36	125.129.693,67	1.690.056,16	126.698.854,22	769.802,02	197.714.087,98	

	Aufgelaufene Abschreibungen • Accumulated depreciation				Nettobuchwerte • Net book values		
	1. Jan. 1997 DM	Zugänge Additions DM	Abgänge Disposals DM	31. Dez. 1997 DM	1997 DM	1996 DM	
I. SCHULDVERSCHREIBUNGEN UND ANDERE FESTVERZINSLICHE WERTPAPIERE							DEBT SECURITIES AND OTHER FIXED-INTEREST SECURITIES
A. Geldmarktpapiere							Money market paper
1. von anderen Emittenten	0,00	0,00	0,00	0,00	22.816.424,06	0,00	issued by others
B. Anleihen und Schuldverschreibungen							Bonds and Debentures of
1. von öffentlichen Emittenten	108.353,52	64.562,30	0,00	172.915,82	22.760.834,48	12.067.061,45	public issuers
2. von anderen Emittenten	23.961,00	222.600,42	23.961,00	222.600,42	149.411.894,18	183.160.262,41	other issuers
	132.314,52	287.162,72	23.961,00	395.516,24	194.989.152,72	195.227.323,86	
II. BETEILIGUNGEN							PARTICIPATIONS
1. Deutsche Börse AG, Frankfurt am Main	0,00	0,00	0,00	0,00	61.600,00	61.600,00	Deutsche Börse AG, Frankfurt am Main
	0,00	0,00	0,00	0,00	61.600,00	61.600,00	
III. SACHANLAGEN							PROPERTY, PLANT AND EQUIPMENT
1. EDV-Software	790.064,60	45.335,56	0,00	835.400,16	113.299,78	92.251,59	EDP software
2. Büro- und Wohnungsausstattung	283.943,72	58.043,35	33.276,59	308.710,48	4.692,00	93.393,49	Office and apartment furnishings
3. EDV-Hardware	840.378,64	30.388,63	24.807,76	845.959,51	77.796,30	84.099,83	EDP hardware
4. Einbauten in gemieteten Gebäuden	25.405,14	25.405,11	0,00	50.810,25	76.215,44	101.620,55	Fixtures in non-owned buildings
5. Kraftfahrzeuge	97.000,00	0,00	0,00	97.000,00	0,00	0,00	Motor vehicles
6. Büromaschinen	83.012,79	8.919,41	0,00	91.932,20	8.919,30	17.838,71	Office equipment
7. Geringwertige Wirtschaftsgüter	14.146,81	5.516,69	0,00	19.663,50	0,00	0,00	Low value items
8. geleistete Anzahlungen	0,00	0,00	0,00	0,00	128.000,00	0,00	Prepayments
	2.033.951,70	173.608,75	58.084,35	2.149.476,10	408.922,82	389.204,17	
	2.166.266,22	460.771,47	82.045,35	2.544.992,34	195.459.675,54	195.678.128,03	

Der Gesamtbetrag der Vermögensgegenstände in Fremdwährungen beträgt TDM 36.315 und die entsprechenden Verbindlichkeiten TDM 36.184.

Unter den "Sonstigen Vermögensgegenständen" werden im wesentlichen Forderungen aus Steuererstattungen in Höhe von TDM 240 sowie Forderungen aus Kostenerstattungen in Höhe von TDM 136 und in den "Sonstigen Verbindlichkeiten" im wesentlichen offene Lieferantenrechnungen (TDM 89) ausgewiesen, die im Januar und Februar 1998 beglichen wurden.

Die Fristengliederung der Unterposten (außer täglich fälligen) zu Forderungen an Kreditinstitute und Kunden, zu den entsprechenden Verbindlichkeiten sowie zu den Schuldverschreibungen und anderen festverzinslichen Wertpapieren wird durch folgende Tabelle gezeigt (TDM):

The total amount of assets in foreign currencies is KDM 36,315 the corresponding liabilities amount to KDM 36,184.

"Other assets" mainly include receivables from tax refunds in the amount of KDM 240 and reimbursements in the amount of KDM 136 while "other liabilities" represent mainly unsettled amounts invoiced by suppliers (KDM 89). These liabilities were paid in January und February 1998.

The breakdown according to maturities of the sub-items under loans and advances to banks and customers (excluding those payable on demand), under the correspon-ding liabilities as well as under the debt securities and other fixed-interest securities is as follows (amounts stated in KDM):

Vereinbarte Laufzeiten oder Kündigungsfristen

Bilanzposten	weniger als 3 Monate less than 3 months	3 Monate aber weniger als 4 Jahre more than 3 months but less than 4 years	bis 4 Jahre up to 4 years	4 Jahre oder länger 4 years ore more	**Balance sheet item**
Kreditinstitute					Banks
– Forderungen	–	–	–	3.590	– loans and advances
– Verbindlichkeiten	46.206	–	–	79.250	– liabilities
Kunden					Customers
– Verbindlichkeiten	–	–	–	5.681	– liabilities
Schuldverschreibungen und andere festverzinsliche Wertpapiere					Debt securities and other fixed - interest securities
Geldmarktpapiere	22.816	–	–	–	Money market securities
– von anderen Emittenten					– of other issuers
Anleihen und Schuldverschreibungen					Bonds and debentures
– von öffentlichen Emittenten	–	–	–	23.467	– of public issuers
– von anderen Emittenten	–	–	52.008	115.519	– of other issuers

Sämtliche Verbindlichkeiten gegenüber Kreditinstituten und Kunden mit vereinbarter Laufzeit oder Kündigungsfrist von vier Jahren oder länger sind vor Ablauf von vier Jahren fällig.

All liabilities to banks and customers with agreed terms or periods of notice of four years or more are payable within less than four years.

Verbindlichkeiten gegenüber verbundenen Unternehmen bestehen in Höhe von TDM 110.642. Sie sind in der Position "Verbindlichkeiten gegenüber Kreditinstituten" (TDM 104.961) und "Verbindlichkeiten gegenüber Kunden" (TDM 5.681) ausgewiesen.

Liabilities to affiliated enterprises amount to KDM 110,642. They are included in "liabilities to banks" (KDM 104,961) on the one hand and "liabilities to customers" (KDM 5,681) on the other hand.

Für Geldaufnahmen bei der Landeszentralbank in Hessen, Frankfurt am Main, im Rahmen von Offenmarktgeschäften hatte die Bank am Stichtag Wertpapiere im Nennwert von TDM 22.327 verpfändet; insgesamt befanden sich dort zum Jahresende Wertpapiere von nominell TDM 58.000 im Pfanddepot.

For the raising of funds from Landeszentralbank in Hessen (Regional Bundesbank Office in Hessia), Frankfurt am Main, in connection with open market transactions, the Bank had pledged securities at a nominal value of KDM 22,327 as of the balance sheet date; as of yearend, the Bank had securities of an aggregate nominal value of KDM 58,000 in its pledged securities account there.

Außerdem waren bei zwei inländischen Banken Wertpapiere im Nominalwert von TDM 1.000 zu Pfandzwecken hinterlegt. Diese Sicherheiten stehen im Zusammenhang mit Geschäften an der Deutschen Terminbörse.

Furthermore, securities of a nominal value of KDM 1,000 had been deposited with two domestic banks for pledging purposes. These collaterals relate to transactions on the Deutsche Terminbörse (German Futures and Options Exchange [DTB]).

Die Rücklagen entwickelten sich wie folgt:

The reserves developed as follows:

	Gesetzliche Rücklage Legal reserve	Andere Gewinnrücklage Other revenue reserve DM	Kapitalrücklage Capital reserve	
Stand am 1. Januar 1997	491.898,81	2.485.697,38	548.481,95	January 1, 1997
Einstellung durch Beschluß der Hauptversammlung	–	51.686,83	–	Transfer to the reserve by resolution of the general shareholder's meeting
Einstellung gemäß § 150 Abs. 2 AktG	43.047,57	–	–	Transfer to the reserve acc. to sec. 150 para. 2 AktG (Corp. Law).
Stand am 31. Dezember 1997	534.946,26	2.537.384,21	548.481,95	December 31, 1997

IV. ANGABEN ZUR GEWINN- UND VERLUSTRECHNUNG

Alle Ertragsposten resultieren aus Geschäften mit Partnern der Zone A. Die Zinserträge stammen aus Geldmarkt-, Kredit- und Wertpapiergeschäften.

Provisionserträge konnten hauptsächlich im Zusammenhang mit der Plazierung von Neuemissionen ausländischer Emittenten erzielt werden.

In den "Sonstigen betrieblichen Erträgen" sind Erträge aus Steuererstattungen (TDM 184) und aus Kostenerstattungen (TDM 160) enthalten.

Ertragsteuern fallen für das Geschäftsjahr 1997 keine an, da die Bank über steuerliche Verlustvorträge verfügt.

Vom Jahresüberschuß hat der Vorstand gemäß § 150 Abs. 2 AktG 5% (TDM 43) in die Gewinnrücklagen eingestellt, so daß sich ein Bilanzgewinn von TDM 818 ergibt. Der Vorstand schlägt vor, den Bilanzgewinn in die anderen Gewinnrücklagen einzustellen.

V. SONSTIGE ANGABEN

Am Bilanzstichtag bestanden sieben Interest Rate Swaps, die an vier DM- und eine CHF-Anleihe gekoppelt sind. Die fixen Zinszahlungen aus den Anleihen werden dabei gegen einen variablen Zins in Höhe des Sechs-Monats-Libor plus 0,3 bis 0,5 Basispunkte ausgetauscht. Ein Rückstellungsbedarf ergibt sich daraus nicht.

Die Bank ist Mitglied im Bundesverband deutscher Banken und dessen Einlagensicherungsfonds sowie im Bankenverband Hessen e.V.

Im Jahre 1997 waren insgesamt durchschnittlich 11 Mitarbeiter (vier Mitarbeiterinnen und sieben Mitarbeiter) und zwei Vorstandsmitglieder bei der Bank beschäftigt.

EXPLANATIONS TO THE PROFIT AND LOSS STATEMENT

All income positions were received by counterparties located in Zone A. The interest income results from money market transactions, loans and security business.

Commission income refers mainly to commissions in connection with the placement of new issues of foreign issuers.

"Other operating income" includes income from tax refunds (KDM 184) and from reimbursements (KDM 160).

The bank is not subject to income taxes in fiscal year 1997 since the bank has significant loss carryforwards for tax purposes at its disposal.

Pursuant to sec. 150 para. 2 AktG, the management board transferred 5% (KDM 43) of the net income for the year to the revenue reserve, so that retained earnings amount to KDM 818. The Management Board proposes to transfer retained earnings to the other revenue reserves.

V. OTHER INFORMATION

On the balance sheet date the Bank had entered into seven interest rate swaps, which are linked to four DM bonds and one CHF bond. The fixed interest payments on these bonds are exchanged against a variable interest rate calculated as the six-months LIBOR plus 0,3 to 0,5 basis points. There is no requirement to establish a provision in this respect.

The Bank is a member of the Bundesverband deutscher Banken (Federal Association of German Banks) and it's deposit protection fund as well as of the Bankenverband Hessen e.V. (Associaton of Hessian Banks).

During the fiscal year 1997 the bank employed 11 employees (four female and seven male persons) as well as two members of the Board of Directors.

Die Bank hat in Anwendung des § 286 Abs. 4 HGB die Angabe der Organbezüge nach § 285 Nr. 9 a und b HGB unterlassen.

The Bank has made use of sec. 286 para. 4 HGB, thus omitting disclosure of the remuneration of the management according to sec. 285 no. 9a and b HGB.

Mitglieder des Vorstands waren im Berichtszeitraum die folgenden Herren:

The following gentlemen were members of the Board of Directors during the reporting period:

Nobuyuki Kono, Frankfurt am Main
– Vorsitzender ab 7. Februar 1997

President since February 7, 1997,

Makoto Shimizu, Frankfurt am Main
– Vorsitzender bis 7. Februar 1997

President until February 7, 1997

Erich J. Gonder, Hochheim
– ab 1. Februar 1997

since February 1, 1997

Zu Aufsichtsräten waren im Berichtszeitraum bestellt:

The following gentlemen were members of the Supervisory Board during the reporting period:

Nobuhiro Ito, Tokyo
– Vorsitzender ab 15. August 1997

Chairman since August 15, 1997

Shigetoshi Ando, Tokyo
– Vorsitzender bis 6. August 1997

Chairman until August 6, 1997

Tomoyuki Fuji, London
– stellvertretender Vorsitzender

Deputy Chairman

Rikio Takezawa
– ab 6. August 1997

since August 6, 1997

Tamaki Tsuchiya
– bis 6. August 1987

until August 6, 1997

Frankfurt am Main, den 27.2.1998
Sanwa Bank (Deutschland) AG
Der Vorstand · The Management Board
Nobuyuki Kono Erich J. Gonder

BESTÄTIGUNGSVERMERK

Dem beigefügten Jahresabschluß zum 31. Dezember 1997 und dem Lagebericht für das Geschäftsjahr 1997 der Sanwa Bank (Deutschland) Aktiengesellschaft, Frankfurt am Main, erteilen wir den folgenden Bestätigungsvermerk:

„Die Buchführung und der Jahresabschluß entsprechen nach unserer pflichtgemäßen Prüfung den gesetzlichen Vorschriften. Der Jahresabschluß vermittelt unter Beachtung der Grundsätze ordnungsmäßiger Buchführung ein den tatsächlichen Verhältnissen entsprechendes Bild der Vermögens-, Finanz- und Ertragslage der Kapitalgesellschaft. Der Lagebericht steht im Einklang mit dem Jahresabschluß."

AUDITORS' OPINION

We render the following opinion on the attached financial statements as of December 31, 1997 and the management report for the fiscal year 1997 of Sanwa Bank (Deutschland) Aktiengesellschaft, Frankfurt am Main.

"The accounting and the annual financial statements, which we have audited in accordance with professional standards, comply with the (German) legal provisions. With due regard to generally accepted accounting principles the annual financial statements give a true and fair view of the company's assets, liabilities, financial position and profit and loss. The management report is consistent with the annual financial statements."

ARTHUR ANDERSEN
Wirtschaftsprüfungsgesellschaft
Steuerberatungsgesellschaft

Schmekel
Wirtschaftsprüfer
(German Certified Public Accountant)

Bauernfeind
Wirtschaftsprüfer
(German Certified Public Accountant)

Eschborn / Frankfurt am Main, den 27.2.1998

WIR BETEILIGTEN UNS ALS
WE PARTICIPATED AS

LEAD-MANAGER

Takarabune Co.
DM-FRN 1997/02

Leo Co., Ltd.
DM-FRN 1997/01

Misaki Shoji Co., Ltd.
DM-FRN 1997/01

Shinkoh Sangyo Co., Ltd.
DM-FRN 1997/01

Hiroshima Electric Railway Co., Ltd.
DM-FRN 1997/02

CO-LEAD-MANAGER

Banca di Roma
DM-FRN 1997/02

National Bank of Canada
DM-FRN 1997/02

Bayerische Vereinsbank New York Branch
4,5% DM-Anleihe 1997/02

Christiania Bank og Kreditkasse ASA
DM-FRN 1997/02

Comerica Bank
DM-FRN 1997/02

Den Norske Bank ASA
DM-FRN 1997/99

Korea Electric Power Co.
DM-FRN 1997/02

CO-MANAGER

Keybank National Association
DM-FRN 1997/02

Footwork Express Co.
DM-FRN 1997/02

Footwork International Co.
DM-FRN 1997/01

Banque Generale du Luxembourg S.A.
5,125% DM-Anleihe 1997/03

Bremer Landesbank
Kreditanstalt Oldenburg – Girozentrale –
5% DM-Anleihe 1997/03

PRIVATE ASPEKTE

Über meine Jugend, Herkunft, Schule, Studium und Berufsweg habe ich eingangs schon berichtet. Jetzt möchte ich auch etwas über meine Frau und die Familie erzählen. Anny lernte ich 1959 beim Kegeln in Nassau kennen. Sie war und ist mit Haut und Haaren Floristin. Ihre Eltern waren Heinrich und Anna Müller (geb. Kolb). Anny ist die Jüngste von vier Geschwistern, die bis auf Gisela noch alle leben. Sie vollendete im Juli 2016 auch das 80. Lebensjahr.

Nach der Geburt unserer Tochter Ulrike im Jahre 1961 ist Anny zur Kindererziehung zu Hause geblieben, d.h., sie hat ihre Arbeitsstelle verlassen. Einige Zeit vorher konnte sie nicht mehr als Floristin arbeiten, da sie das Harz und die an den Blumen noch haftenden Rest-Giftspuren nicht mehr vertragen konnte. Sie arbeitete bis Ende 1961 als Bankangestellte bei der Deutschen Bau- und Bodenbank als Abwicklerin der Hypotheken-Gewinnabgabe. Für das Jahr 1965 hatten wir ein zweites Kind geplant. Der Plan ging auf, wir bekamen Martina.

REISEN UND URLAUBE

Unseren ersten gemeinsamen Urlaub konnten wir 1962 mit einem befreundeten Ehepaar in Mariapfarr (Österreich) verbringen. Da wir noch kein eigenes Auto besaßen, nahm uns das Ehepaar Koschier gegen Kostenbeteiligung mit. Neben Wandern bestand das größte Erlebnis, Forellen zu fangen, zu dem uns der Hauswirt in Mariapfarr eingeladen hatte – morgens um 5 Uhr. Danach war mit Urlaub erst mal Pause, da wir uns vorgenommen hatten – wie schon früher berichtet – die Scheune auf dem schwiegermütterlichen Anwesen zur Wohnung umzubauen; für eine Mietwohnung hatten wir nämlich nicht genug Geld.

MITTELMEER

1967 hörten wir von Bekannten, dass man in Blanes an der Costa Brava preiswert Urlaub verbringen könnte. Olé, auf nach Spanien. Zu der Zeit gehörte uns ein Opel-Rekord, den wir von einem Nachbarn in der Neugasse erworben hatten. Der Nachbar war Opel-Mitarbeiter und konnte diesen Jahreswagen wegen seines Rabattes auch günstig weiter verkaufen. Mit dem uns gut bekannten Ehepaar Bär ging's im gelb-schwarzen Opel auf die Reise. Manfred und ich haben uns beim Fahren alle zwei Stunden abgelöst. Dadurch war die Reise nicht anstrengend. Der Fahrweg führte uns durch die Schweiz und Frankreich nach Spanien. Kurz hinter der Grenze zwischen Frankreich und Spanien verbrachten wir unsere erste spanische Nacht, um am anderen Tag entspannt unser Urlaubsziel in Blanes zu erreichen. Ohne Kinder – Ulrike gastierte in Nassau bei Oma Ella und Opa Justus, während Martina, die ja erst zwei Jahre alt war, bei Oma Anna und Opa Heinrich in ihrer gewohnten Umgebung in Massenheim blieb – verbrachten wir einen wunderbaren Meerurlaub (mein erster).

Auf dem Heimweg fuhren wir über Monaco nach Monza und statteten dort meinem Cousin Bruno und seiner Ehefrau Renate einen Besuch ab. Bruno hatte sich nämlich dort bei der Getränkefirma „Star" seit 1963 verpflichtet. Ihre drei Kinder wuchsen in Monza auf. Mit Bruno haben wir vereinbart, dass er am Ende seines nächsten Deutschlandaufenthaltes Ulrike in deren Ferien mit nach Monza nimmt. Experiment geglückt, Ulrike war begeistert. Sie hat eine wunderbare Erinnerung an ihren Italienaufenthalt. Als Kind mit unter zehn Jahren ist sie am Ende der Ferien allein aus Mailand nach Frankfurt zurückgeflogen. Am Airport Ffm konnten wir Ulrike glücklich in die Arme schließen. Interessante Entwicklung, ich habe meinen ersten Flug mit 27 Jahren zu meinem Dienstsitz in Berlin absolviert.

MONDSEE (Österreich)

1968 war Urlaub mit den Kindern angesagt. Als Ziel hatten wir uns den Mondsee ausgesucht. Auf der Rückbank unseres Opels hatte ich ein Holzgestell gebaut, auf dem Martina und Ulrike schlafen konnten, da wir nachts losgefahren sind. Das klappte prima, weil bei den Kindern im Schlaf keine Langeweile aufkam. Während des Urlaubs wurden wir etwas unruhig, weil in der Tschechoslowakei ein Umsturz stattfand. Dubcek kam an die Macht, und wir wussten nicht, wie sich die Russen verhalten würden. Unser Urlaub verlief aber ohne weitere Zwischenfälle für uns. Der liberale Umschwung in der Tschechei hat nicht lange angehalten. Dubcek konnte sich nicht halten, die Altkommunisten übernahmen bald wieder das Ruder.

WINTERSPORT

1969 wechselte ich beruflich – wie schon beschrieben – zur VOG nach Ingelheim. Damit waren die Sommerurlaube vorbei, da während der Obst- und Gemüseernte Urlaubssperre angesagt war. Trotzdem hatten wir noch einen wunderschönen Herbsturlaub in Primosten (Jugoslawien). Es war ein goldener Oktober mit viel Sonnenschein. Eines Morgens vermisste Anny unsere mitgebrachte Luftmatratze, sie war im Hotel nicht aufzufinden. Also gingen wir zum Strand und siehe da, eine Russin hatte sich unsere Luftmatratze unter ihren Po geschoben. Auf die Reklamation meiner Frau meinte die Russin, die Matratze sei Allgemeineigentum, weil sie im Hotel gelegen hätte. Nachdem wir ihr unsere Eigentumsansprüche erklärt hatten, gab sie die Matratze widerwillig frei.

Aus der Russengruppe im Hotel, die beim Essen zusammensitzen musste, hatte sich ein Mitglied abends allein auf den Weg gemacht und uns nebst ein paar anderen Deutschen bei einem Winzer in der Altstadt getroffen. Er sprach gut deutsch. Als wir ihm ein paar heikle Fragen zum System in der UDSSR stellen wollten, bat er den Winzer das Tor zu schließen, damit er uns – von anderen unbeobachtet – Antwort geben konnte. Es war sehr interessant, was wir alles erfuhren. Selig und leicht beschwipst vom schweren Rotwein fanden wir wieder zu unserem Hotel. Am Abflugtag schwamm ich noch in der Adria und rief Anny zu: „Ich bleibe hier, hol mich nächstes Jahr hier ab!“

Im gleichen Jahr versuchten wir dann das Skilaufen zu lernen. Mit geliehenen Skibrettern ging‘s nach Oberjoch in den Skikurs. Wir lernten Pflugbogen. Es machte so viel

Spaß, dass wir im nächsten Jahr mit einigen Tennisfreunden zum Skilaufen nach Fischen fuhren. Auf der Piste verlor unser Mitreisender Dr. Edinge eines Tages seine Geldbörse. Er bekam sie wieder! In den Folgejahren sind wir immer wieder zum Wintersport gefahren. Wir lernten das Skifahren so gut, dass wir alle Pisten in den Alpen abfahren konnten. Folgende Gebiete haben wir abgeklappert:

Kleinwalsertal, Avoriaz (Frankreich), Allgäu, Aosta-Tal, Saas-Fe, Kaprun, Flims-Laax Kanada, Tauern, Marmolada, Zermatt, Cervinia, Saalbach, Zell am See, Davos, Engelberg, Sölden, Kronplatz, Mauterndorf, Cortina d'Ampezzo, Dolomiten, Stubai-Gletscher, Bayerischer Wald, Fügen, Bad Ragaz.

Das Skifahren haben wir bis heute (2016) mit kleinen Unterbrechungen noch nicht aufgegeben. Die Berge hatten uns voll im Griff. Neben Skilaufen fuhren wir zum Bergsteigen oft ins Kleine Walsertal. In meiner Solinger Zeit konnten wir auch wieder im Sommer Urlaubsreisen unternehmen. Mein Kollege und Mitinhaber der Frischdienst-Zentrale hatte eine Finca auf Formentera. Dort konnten wir mit den Kindern 1975 und 76 zwei schöne Ferien verbringen.

FERNREISEN

Danach – auch bedingt durch meine Firmenwechsel – konnten wir meistens nur Kurzurlaube verbringen. Längere Urlaube waren erst wieder während meiner Zeit bei Sanwa möglich. 1991 mieteten wir nach dem Besuch bei Mary und Neal in Florida ein Wohnmobil und reisten bis Key West durch Florida. Es war wunderbar! Hier begann unsere Liebe zum Campen. Ich sage immer, campen ist Freiheit pur. Man kann hinfahren, wo man will, und bleiben, solange man will. Keine Buchung erforderlich, keine Uhrzeiten, nach denen man sich richten muss; vor allen Dingen, man wohnt und schläft in den eigenen Sachen.

1993 bereisten wir zusammen mit dem Ehepaar Riecke Kanada, natürlich mit Wohnmobil. Es war fantastisch! Wir bewegten uns erst entlang der amerikanisch/kanadischen Grenze ostwärts, um dann nach Norden bis Jasper in den Rocky Mountains zu fahren. Einige Tage hielten wir uns dort auf. Als wir in einem Lokal aus dem Nebenzimmer das Lied „Warum ist es am Rhein so schön" hörten, war uns doch seltsam zumute! Dann ging es drei Tage bergab gen Süden auf Vancouver-Island. Am Beginn dieser Reise hatten wir uns noch in Vancouver mit unseren Freunden Mary und Neal getroffen.

Kanadische und amerikanische Campingplätze sind sehr komfortabel. Sie sind sehr groß und verfügen über Strom- und Wasseranschluss sowie Kanalanschluss für Abwasser. In Kanada hatten wir sogar gehacktes Feuerholz vorrätig. Wieder zu Hause, haben Anny und ich beschlossen, einen Wohnwagen anzuschaffen. Wohnwagen deshalb, weil man unabhängig ist. Den Trailer kann man auf dem Campingplatz abstellen und dann mit dem Auto Ausflüge in die Umgegend unternehmen. Bei einem Wohnmobil braucht man für den Alltag zu Hause immer noch einen separaten PKW.

Gesagt, getan. Bei Moser in Mainz fanden wir 1999 einen Wohnwagen von Detleffs, der uns vor allem wegen der Sanitäreinrichtung auf Anhieb zusagte, er kostete DM 18.000,--, war groß und kaum benutzt, weil der Vorbesitzer fahrtechnisch mit dem Gefährt nicht umgehen konnte. Wir freuten uns und gingen im April 2000 auf große Fahrt nach Südfrankreich in die Camargue. Es war zwar in dieser Jahreszeit noch nicht richtig warm, aber wir hatten unseren Spaß. Auf dieser Fahrt machten wir an der Riviera Station und trafen dort unsere Freunde aus Hamburg, Christa und Hans Riecke. Zusammen besuchten wir das ATP-Turnier in Monaco.

Im Jahr 2000 planten wir eine Reise nach Neuseeland. Um dort eine Rundreise zu unternehmen, buchten wir ein Wohnmobil. Ein langer Flug von 24 Stunden stand uns im November bevor. Auf der Hinreise unterbrachen wir den Flug für eine Woche in Bali. Anny hatte ich vorher nichts davon gesagt. Als wir in Singapur zum Flugzeug schlenderten und ich an das Gate für Bali ging, meinte Anny, wir seien dort falsch. Jetzt musste ich mit der Wahrheit heraus und erklärte ihr den Umweg über Bali. Ich hatte alles richtig gemacht, Annys Augen glänzten. In Bali erlebten wir eine der schönsten Urlaubswochen. Dort lernten wir auch Karin und Jürgen Völkl sowie Dörte und Günter Stock kennen, mit denen wir heute noch freundschaftlichen Kontakt pflegen.

Für eine Inselrundfahrt hatten wir Ketut (den Vierten) mit seinem VW-Bus angeheuert. Er zeigte uns viele Sehenswürdigkeiten in Bali. Der ganze Tag mit ihm kostete nur DM 70,--. Auf dieser Fahrt besuchten wir eine einheimische Familie im Wald. Die Großmutter schlief auf einem Holzgestell im Freien in einer Nische. Der Enkel kletterte auf eine Kokospalme, pflückte eine Nuss für uns, die er aufschlug und aus der er uns trinken ließ. Der Stromzähler, den Einheimische aus dem Dorf gestiftet hatten, war an einen Baum genagelt. Diese Waldfamilie machte einen zufriedenen Eindruck; Anny und ich spendeten der Familie einen angemessenen Betrag.

Am Ende der Bali-Woche ging's über Singapur weiter nach Neuseeland. Wir landeten in Christ-Church und übernahmen unser bestelltes Wohnmobil. Ehe wir am nächsten Tag losfuhren, unternahmen wir dort noch eine Stadtrundfahrt mit einer uralten Straßenbahn. Dann machten wir uns auf den Weg nach Süden zum Marlborough-Sound. Ein Schiff in der Größe eines mittleren Köln-Düsseldorfers fuhr uns durch den Fjord bis fast zum Meer. Rechts und links des Ufers Berge, Wasserfälle und Seehunde auf den Klippen. Während der Rückfahrt bat ich den Kapitän, die Brücke betreten zu dürfen. Er bejahte und fragte mich, ob ich Skipper sei. Als ich nickte, übergab er mir das Ruder und verschwand eilends zur Toilette. Wohin ich steuern sollte, konnte ich gerade noch fragen: „Zum Wasserfall dahinten!" Es war das größte Schiff, das ich je gesteuert habe – toll.

Danach fuhren wir auf der Westseite der Südinsel nach Norden, vorbei am Sankt-Josefs-Gletscher. Es ist wenig bekannt, dass Neuseeland eine Vielzahl von Landschaften besitzt. Man findet dort Palmen wie am Mittelmeer, Wiesen und Hügel wie im Allgäu, Gebirge und Gletscher wie in den Alpen sowie 40 Millionen Schafe, die von nur vier Millionen Menschen betreut werden. In Keikura lösten wir Tickets, um Wale im offenen Meer zu sehen. Die Schiffsgesellschaft hatte versprochen, das Fahrgeld zu erstatten, falls keine Wale zu sehen seien. Wir konnten eine halbe Stunde lang Wale beobachten. Unser Boot stand mit einem Hubschrauber in Verbindung, der die auftauchenden Wale ortete und ans Schiff meldete. In dieser Gegend ist es sehr tief und das Meer reich an Nahrung, sodass die Wale von hier nicht wandern, ein tolles Erlebnis.

Auf der Südinsel hatten wir zwei besondere Erlebnisse. Wir waren auf dem Weg nach Norden, um mit der Fähre auf die Nordinsel überzusetzen. Auf einmal zeigte Anny auf ein Schild mit dem Hinweis auf einen Johanneshof. Das sei doch sicher etwas Deutsches. Wir drehten und fanden diesen Hof: Es war ein Weingut, das seinen Keller in den Fels getrieben hatte. An unserem Hessisch-Englisch merkte der Winzer wohl, wo wir herkamen. Auf seine verblüffende Frage, ob wir auch „hessisch babbele“ könnten, sagten wir stutzend ja. Aber warum auch er? Es stellte sich heraus, dass er in unserer Heimatstadt Hochheim bei einem Winzer gearbeitet hatte. Er war zum Studium nach Geisenheim gekommen, hatte seine praktischen Jahre in Hochheim verbracht, eine Frau gefreit und dann in Neuseeland ein Weingut betrieben.

Wir betraten einen Laden, um etwas einzukaufen. Die Bedienung erkannte unseren Deutsch-Akzent und rief ihren Vater. Wir waren etwas überrascht, als sich herausstellte, dass er Übersetzungshilfe brauchte. Der Vater hatte sich aus Deutschland ein Lebensmittelpaket kommen lassen, wusste aber bei einigen Artikeln nicht, was es war (großes Vertrauen in deutsche Lebensmittel). Unter Anwendung aller möglichen Erklärungsbemühungen haben wir es geschafft, Pumpernickel zumindest verständlich zu machen. Vielleicht hat er daraufhin ja noch einmal deutsche Ware bestellt.

Mit dem Schiff, einer sehr große Fähre, setzten wir mit dem Wohnmobil über auf die Nordinsel. Die Überfahrt dauerte gut zwei Stunden, wir ließen uns auf Deck während der Überfahrt den Wind um die Ohren blasen. Auf der Nordinsel war schlechtes Wetter. In einem riesigen Campingareal wohnten wir mit einem anderen Ehepaar zu zweit alleine. Wir fuhren deshalb nicht weiter nach Norden, sondern kehrten um. Etwas außerhalb von Oakland (eine Großstadt) gab es einen schönen Campingplatz, auf dem wir noch ein paar Tage wohnen wollten. Wir nutzten die Zeit, um uns die Stadt etwas näher anzusehen. Mit dem Bus konnten wir vom Platz in die City und zurückfahren. Am zweiten Tag erfuhren wir die Freundlichkeit des gleichen Busfahrers wie am Vortag. Als Anny und ich in der Stadt einstiegen, fragte er mich, ob wir an der gleichen Stelle wie gestern aussteigen wollten. Er hatte mich also vom Tag zuvor wiedererkannt; sehr aufmerksam.

Von Oakland aus traten wir die Rückreise an, und zwar in einem Rutsch, da wir an der Geburtstagsparty für Annys 75jährigen Bruder teilnehmen wollten. Wir mussten früh aufbrechen, am Flughafen erst mal unser Wohnmobil abgeben und die damit zusammenhängenden Formalitäten erledigen. Dann rechtzeitig zum Flugplatz, Flug nach Singapur. Nach zwei bis drei Stunden Aufenthalt Weiterflug nach Frankfurt, von wo aus wir dann direkt zu Kurts Party weiter gefahren sind. Wir waren insgesamt knapp 40 Stunden unterwegs und sind dann beim Nachmittagskaffee prompt eingeschlafen, kein Wunder.

Ein unangenehmes Erlebnis hatte ich mit der Wohnmobil-Verleihfirma. Es ist üblich, bei der Übernahme eines Wohnmobils Kaution zu stellen. Mittels Kreditkarte hinterlegte ich 5.000,-- Neuseeland-Dollars. Es gilt allgemein die Regel, die mir der Verleiher auch bestätigt hatte, dass nur im Schadenfalle bei der Rückkehr von der Kaution Gebrauch gemacht wird. Der Verleiher hielt sich aber nicht an die Absprache, sondern hatte schon am Übernahmetag die Kaution voll meinem Konto belastet. Da hatte er aber die Rechnung ohne den „Banker“ gemacht. Ich habe die komplette Rechnung zurückbuchen lassen und dem Verleiher nur die Wohnmobil-Rechnung abzüglich der Zinsen für einen Monat unberechtigter Kautionsbelastung überwiesen. Ich hoffe, er hat daraus gelernt.

Unsere nächste halbe Weltreise führte sechs Wochen nach Australien. Drei Wochen hatten wir als geführte Reise beim ADAC gebucht. Darüber hinaus haben wir uns drei Wochen alleine in Australien aufgehalten. Da Wohnmobile und Wohnwagen dort sehr teuer sind, unternahmen wir die Privatreise mit PKW und vorgebuchten Hotelgutscheinen. Außerdem waren wir mit Karin und Jürgen Völkl, die wir in Bali kennengelernt hatten, in Cairns verabredet. Die beiden warteten schon im Hafen auf uns, als wir am vorher fest gelegten Freitag ankamen.

In den ersten drei Wochen hatten wir eine deutschsprachige Reisebegleiterin, die schon dreißig Jahre in Australien lebte. Wir waren abwechselnd mit Bus und Flugzeug unterwegs, um die riesigen Entfernungen zu bewältigen. Auf der ADAC-Reise haben wir alle wichtigen Sehenswürdigkeiten und Einrichtungen kennengelernt: Ayers Rock, die Olgas, Flying Doctors, Kulturzentren der Aborigines, Brandrodung, Krokodile, Abendbuffet unterm Sternenhimmel mit Digeridoo-Begleitung, Bumerang-Werfen, Nachtkonzert und vieles mehr. Die spektakulärste Einrichtung in Australien ist die ärztliche Versorgung im Outback. Dort hat jeder eine Hausapotheke, in der die Medikamente nummeriert sind. Bei leichten Beschwerden ruft der Patient im Ärztezentrum an und fragt um Rat. Der diensthabende Arzt stellt eine Ferndiagnose und empfiehlt dem Anrufer ein Medikament mit der Nummer xy aus dessen Hausapotheke. Der Arzt hat nämlich die gleiche Medikamentennummer in seiner Apotheke. Bei schweren Erkrankungen und weiten Entfernungen fliegt der Arzt zum Patienten, behandelt ihn oder überführt ihn in ein Hospital.

Nach der ADAC-Reise flogen wir von Sydney nach Townsville, um dort eine fünftägige Schiffsreise durchs Barrier Reef zu unternehmen. Einmalig! Wir sind getaucht, geschnorchelt, haben morgens auf kleinen Inseln gefrühstückt, mussten Acht geben, dass uns die Warane nicht die Würstchen vom Teller klauten. Die interessanteste Begegnung fand dort mit „Wolly“ statt. Das Schiff ankerte und ließ eine Rampe ins Wasser, auf der wir bis zur Brusthöhe im Wasser stehen konnten. Dann kam Wolly, ein 50 Zentimeter langer, dicker Barsch, schwamm uns durch die Beine und ließ sich füttern. Als er satt war, schwamm er von dannen und kam am nächsten Donnerstag wieder.

Danach trafen wir unsere Freunde – wie schon gesagt – in Cairns und fuhren südlich entlang der Ostküste wieder nach Sidney. Auf dem Weg dorthin besuchten wir unter anderem den Zoo in Brisbane, wo wir uns intensiv mit Kängurus befassen konnten. Wunderbar waren auch die Erlebnisse auf einer Sandinsel im Pazifik, die wir per Schiff besuchten. Die meisten Wege auf der Insel bestanden aus einspurig befahrbaren Sandstraßen, die hauptsächlich von Touristenbussen benutzt wurden. Unter dieser Insel soll sich eins der größten Süßwasserreservoirs der Welt befinden. Auf dem Rückweg zum Festland konnten wir einen herrlichen Sonnenuntergang bewundern.

Autofahren ist in Australien wie zuvor in Neuseeland ein Vergnügen. An den Linksverkehr hat man sich sehr schnell gewöhnt, auch weil man auf der rechten PKW-Seite steuert. Schaltung mit links ist eine kleine Gewöhnungssache. Das Fahren außerhalb der Städte, d.h. im Outback, macht viel Spaß, da man fast vergeblich nach Gegenverkehr sucht. In Sydney ist das was anderes. Auf einer fünfspurigen innerstädtischen Straße habe ich es geschafft, ohne Probleme von links nach rechts abzubiegen. Mit unseren Freunden haben wir noch zwei, drei Tage in Sidney verbracht, um dann nach sechs Wochen die Heimreise anzutreten. Es war schon ein kleines Kunststück, mit NEUN Gepäckstücken das Flugzeug zu erreichen und „alle Neune“ in Frankfurt wieder entgegennehmen zu können.

Nach unseren Reisen um die halbe Welt haben Anny und ich übereinstimmend festgestellt, dass wir uns ein Restleben in Neuseeland oder Australien gut vorstellen könnten.

Ab 2003 ging‘s verstärkt mit unserem Wohnwagen auf Urlaubsreisen durch Europa. Ob in Deutschland, Holland, Österreich, Frankreich oder Italien, wir haben wunderschöne Urlaubsziele besucht. Besonders erlebnisreich gestalteten sich die sogenannten Moser-Rallys. Moser ist eine große Handelsgesellschaft für Wohnmobile und -wagen, bei der auch wir unseren Wagen gekauft hatten. Es waren jedes Jahr fünftägige Ausflüge, die Frau Moser für die Kundschaft organisierte. Meistens haben fünfzig Mobile und Gespanne daran teilgenommen; Besichtigungsfahrten und Tanzabende gehörten natürlich dazu. Den tollsten Campingplatz bewohnten wir in Österreich bei Burgstaller. Dort gab es sogar Fernsehen auf dem Klo. Außerdem hatte Burgstaller einen Testplatz installiert, der sich mit Gefährt nach der Sonne drehte. Während der Fußballweltmeisterschaft 2010 hatte Burgstaller im Aufenthaltsraum eine große Leinwand aufgestellt, um die Spiele so zu erleben, als wäre man im Stadion dabei.

Nach Annys Berechnungen waren wir fast 50mal mit dem Wohnwagen unterwegs. Ob Urlaube oder Wochenendausflüge, wir haben es genossen. Auch bei Verwandten waren wir gern gesehene Gäste, weil wir dort keine Schlafstätten brauchten, denn wir hatten unser Hotel dabei. Anfangs ist auch unsere Enkelin Tamia gerne mit uns gereist; schon mit neun Monaten hat sie uns mit ihrer Mutter nach Ungarn begleitet.

DIE LIEBE ZUM WASSER

Bekannte hatten ein Motorboot und nahmen uns gelegentlich auf eine Tagestour an den Rhein mit. Dadurch angeregt beschloss ich, meinen Bootsführerschein zu erwerben. Mitte der 90er Jahre habe ich mich im Segelclub Hochheim zum Führerscheinlehrgang angemeldet. Der Kursleiter riet mir, neben dem „Motorbootschein binnen“ doch auch gleich den entsprechenden Schein zum Segeln zu erwerben. Ich folgte seinem Rat und erhielt als Ergebnis dieser Schulung den „Sportboot-Führerschein binnen“ am 02.10.1993. Aber damit nicht genug. Jetzt hatte ich richtig Lust auf mehr bekommen. Um auf den Meeren fahren zu können, benötigte man noch andere Lizenzen.

Also ließ ich mich weiter ausbilden und erwarb den „Sportboot-Führerschein See“ am 19.03.1994. Die Erlaubnis lautet: „... wird hiermit im Auftrage des Bundesministers für Verkehr die Fahrerlaubnis zum Führen von Sportbooten auf den Seeschifffahrtsstraßen der Bundesrepublik Deutschland erteilt und der Sportbootführerschein See ausgestellt.“ Diese Führerscheine reichten aber noch nicht für das Segeln auf dem Meer. Also den nächsten Führerschein anvisieren. Theoretische Schulung in Hochheim und danach Praktikum auf der Ostsee. Nach der Prüfung sagte der Prüfer zu unserem Ausbilder: „Experten sind Sie ja noch nicht, aber das Schiff können Sie nach Hause bringen.“ Meine Lizenz heißt „Führerschein für Yachten unter Segel und unter Motor“. Ohne diesen Schein verleiht kein Vercharterer aus Versicherungsgründen ein Boot. Später wurden die Führerscheine See und Segel zusammengefasst unter „Sportküsten-Schifferschein“ (25.10.2000). Zur Abrundung habe ich dann noch im Jahre 1995 das „Beschränkt gültige Sprechfunkzeugnis für Ultrakurzwellen“ erworben.

Leider haben wir nur wenige Segeltörns machen können. Zweimal Ägäis durch die Cycladen, zweimal Adria in Slowenien und Kroatien sowie einmal mit Mary und Neal rund um Mallorca. Die schwerste Prüfung hatten wir Ende der 90er Jahre in den Cycladen zu bestehen. Wir gerieten in einen Orkan bei teilweise Windstärke 13 (Messung fotografisch festgehalten). Eine lustige Begebenheit hatten wir in Mallorca. Uns fiel eine Winsch ins Wasser, und wir wollten im Hafen Ersatz besorgen. In einem Laden für Schiffsausrüstung fragten wir nach einer gebrauchten Winsch. Mitleidig lächelnd sagte der Shop-Inhaber: „Alle gebrauchten Winschs liegen auf dem Meeresgrund!“ Haha.

Unsere Goldhochzeit nahte, sie sollte 2010 stattfinden. Für diesen Anlass hatten wir uns verständigt, eine Kreuzfahrt per Schiff zu unternehmen. Ich wollte ja schließlich mein Versprechen einer Hochzeitsreise von 1960 einlösen. Unter den damaligen Umständen war es nämlich nicht möglich (Examensvorbereitung, Schnellheirat, Berufsanfang, Schwangerschaft). Wir beschlossen, eine Vortour zu machen, um sicher zu sein, dass uns eine Kreuzfahrt gefällt. Wir buchten die MSC Poesia. Die Route führte von Genua über Barcelona durch Gibraltar nach Casablanca. Dann weiter über Teneriffa nach Funchal und zurück. Besonders Funchal mit seinem Blumenreichtum hat uns begeistert. Das war im Jahre 2009. Für die Hochzeitsreise hatten wir uns die östliche Karibik auserkoren. Start war in Fort Lauderdale (Florida). Im Januar 2011 gingen wir an Bord. Das Inselhopping durch die Ostkaribik bleibt ein unvergessenes Erlebnis. Auch der Schlusspunkt war traumhaft, da wir Mary und Neal für drei Tage in Fort Lauderdale trafen. Danach haben wir noch vier Kreuzfahrten unternommen. Dreimal Mittelmeer mit Besuch in Haifa und gegenwärtig (Juli 2016) Norwegen bis in den Geiranger Fjord.

TENNIS

Wie schon früher berichtet, habe ich 1953 mit Tennis begonnen. Ich war begabt und konnte mich sehr schnell hochspielen. Mein damaliger Verein, der ESV Oberlahnstein, spielte unter meiner Mitwirkung zusammen mit Koblenz in der Sonderklasse – einer Klasse über der Oberliga. Nach dem Abitur bis zum Herbst 1956 blieb ich im Lahnsteiner Verein. Ab Herbst 1956 war kein regelmäßiges Spielen mehr möglich. Studium und Berufsanfang hatten Priorität. An der Uni habe ich lediglich vorübergehend Basketball gespielt. Ebenso in Massenheim gab es in diesen Jahren eine muntere Tischtennisabteilung, der ich mich anschloss.

Im Jahre 1967 wurde in Hochheim ein Tennisverein gegründet, dem ich sogleich beitrat. Auch dort konnte ich dank meiner Lahnsteiner Erfahrung sofort in der ersten Herrenmannschaft spielen. Der Hochheimer Verein gab sich den Namen HSTV (Hochheimer Schwimm- und Tennisverein). Schon im zweiten Jahr seines Bestehens fand der Verein so großen Zuspruch, dass drei neue Plätze und ein Clubhaus gebaut werden konnten. Der Nassbereich des Vereinsheims wurde von mir und Heinz Möhn hochgemauert, hier haben sich meine Bauhandwerkskenntnisse von früher bewährt. Unsere Herrenmannschaft schaffte es mit meiner Beteiligung bis in die Gruppenliga (vgl. Bild). Zwischenzeitlich gehörte ich auch dem Vorstand als Vize an. 1974 nahm ich in Solingen die Geschäftsführerposition an und musste mein Engagement beim HSTV beenden.

Aufstieg in die Gruppenliga –
Diese Figur war nicht zu halten!

Die tennisarme Zeit dauerte glücklicherweise nicht lange an. Im Jahre 1977 wanderten sieben Männer (Freunde und gute Bekannte) quer durch den Taunus; es waren dies Dieter Jung, Dieter Bohrmann, Hugo Bär, Manfred Bär, Gerd Huth und ich (aus Hochheim hatten wir noch Holger Schwab mitgenommen). Unsere Frauen haben uns an der Saalburg am Limes ausgeladen und uns dem Schicksal überlassen. In fünf Tagen wollten wir unter der Führung von Manfred Bär (Vermesser) ab der Saalburg nach Lorch am Rhein wandern. Unterwegs wurde die Frage diskutiert, wo man Tennis spielen oder lernen könnte. Hochheim hatte eine lange Warteliste, sodass man kaum Hoffnung haben konnte, dort Mitglied werden zu können.

Was überlegt man in einer solchen Situation? Richtig, wir diskutierten die Möglichkeit einer eigenen Vereinsgründung in Massenheim, und zwar nicht als Konkurrenz zu Hochheim, sondern als Ergänzung. Die Diskussion dauerte nicht lange, Wir beschlossen auf unserer Wanderung den MTV 77 (Massenheimer Tennisverein) zu gründen. Beschlossen und in die Wege geleitet! Im Juli 1977 (deshalb MTV 77) beriefen wir eine Gründungsversammlung ein und konnten dank des großen Interesses den Verein gründen. Da wir noch keine Plätze hatten, spielten wir in Wildsachen auf Mietbasis.

Da ich noch in Solingen tätig war, erklärte sich Herr Mette bereit, den Vorsitz zu übernehmen. Jetzt ging die Suche nach einem geeigneten Grundstück in Massenheim los. Schließlich hatten wir Glück, weil die Stadt Hochheim, die uns zwischenzeitlich eingemeindet hatte, uns den heutigen Standort verpachtete. Der bis heute moderate Pachtzins beträgt einen Jahresmitgliedsbeitrag für rund 3.000 qm (wie in Hochheim). Anfang 1979 übernahm ich die Führung des MTV, da ich zu der Zeit Geschäftsführer bei Hecke & Sohn in Hochheim war. Zusammen mit Manfred Bär und Karl Forkert bauten wir sofort fünf Tennisplätze. Finanziell war das kein Problem, da wir von 1977 an schon kräftig Beiträge gesammelt hatten. Duschen konnten wir uns in der nur 50 m entfernten Sport- und Kulturhalle. Für Vergnügungszwecke überließ uns Manfred Bär eine Baubude, die uns zehn Jahre als Vereinsheim diente.

Terrassenbau am Vereinsheim

Die Rufe nach einem soliden Vereinsheim wurden immer stärker. Wir hatten mittlerweile gut 200 Mitglieder. 1989 war es so weit. Unser großzügiges Clubhaus war bezugsfertig. Not macht erfinderisch, denn in Hessen herrschte Anfang der 90er Jahre Wassernotstand, der uns verbot, die Plätze angemessen zu wässern. Also, Alternative suchen. Wir bauten die Plätze um in Kunstrasenplätze. Ein toller Erfolg. Nicht nur, weil wir enorme Wassermengen sparten, sondern auch eine teure Frühjahresrenovierung. Die Plätze sind heute nur noch von Dezember bis Februar für den Spielbetrieb gesperrt.

Der Betonierer

Der Holzfäller

Der erste Kunstrasenteppich wurde im Jahre 2008 nach 15 Jahren erneuert. Mittlerweile war ich wieder im Vorstand als Kassenwart tätig. Karl Forkert, der im Jahre 1980 meine Nachfolge übernahm, war immer noch Vorsitzender. Mein Kassenwartmandat endete im Jahre 2010. Aus Anlass meines 80. Geburtstages und als Gründungsmitglied des Vereins sowie meines Engagements für den Verein ernannte mich die Mitgliederversammlung zum Ehrenmitglied. Bis dahin hatte ich im Tennis insgesamt 18 Siegerurkunden und Pokale für erste, zweite sowie dritte Plätze bei Meisterschaften erworben

früher

INTEGRATION
Erich Fett
staatl. anerk. Krankengymnast
Privat und alle Kassen
Termine n. Vereinbarung
Tel. 06471/7501
BARMER

später

POLITIK

An sich hätte ich nach den Erfahrungen meines Vaters die Hände von der Politik lassen sollen. Aber jeder muss halt seine Erfahrungen selbst machen. Ich trat in Massenheim der FWG (freie Wählergemeinschaft) bei. Schnell wurde ich auch ihr Vorsitzender und errang Ende der 60er Jahre mit meiner Fraktion die absolute Mehrheit in der Gemeindevertretung. Gegen den damaligen Landrat (Dr. Jost, SPD) war aber kein Projekt unserer Fraktion durchzusetzen, weil die SPD-Fraktion hintenherum den Landrat beeinflusste.

Als ich beruflich nach Solingen wechselte, verabschiedete ich mich aus der Ortspolitik und bin zur CDU in Hochheim gegangen. Ende der 80er bis Mitte der 90er Jahre wurde ich wieder aktiv und gehörte der CDU-Fraktion in der Hochheimer Stadtverordnetenversammlung an. Bei der CDU bewarb ich mich um die Bürgermeister-Kandidatur, konnte aber nicht reüssieren, weil hinter meinem Rücken Ränkespiele betrieben wurden. Es gab bei der Mitgliederversammlung drei Bewerber, die sich um die Kandidatur bemühten. Die MV ließ alle drei Bewerber (Hans Mohr, Karl Forkert und mich) durchfallen. Als die gescheiterten Wahlen vorüber waren, zauberte man Herrn Simon (Erster Stadtrat) aus dem Hut, weil er zu feige war, offen zu kandidieren. Nach zwei weiteren unschönen Episoden, bei denen die Partei mich veräppelte, bin ich ausgetreten. Als Dank für meine politische Arbeit überreichte mir die Stadt Hochheim die Silberne Bürgermedaille.

Im Jahre 2014, nachdem die Ränkespiele von der Bildfläche verschwunden waren, trat ich wieder in die CDU ein.

Die Partei brauchte dringend einen Schatzmeister. Für diese Arbeit bin ich gut, das hätte man auch früher feststellen können. Ich trat die Nachfolge eines hochgelobten jungen Mannes an, der zwei Jahre lang nichts auf die Beine brachte. Mittlerweile habe ich wieder Ordnung in den Laden gebracht. Darüber hinaus bin ich seit einiger Zeit stellvertretender Vorsitzender der Senioren-Union und im entsprechenden Kreisvorstand.

Im Seniorenbeirat der Stadt Hochheim (politisch neutral) fungiere ich ebenfalls als stellvertretender Vorsitzender und kümmere mich um Veranstaltungen für Senioren, damit diese zu Hause nicht versauern.

Unter meiner Mithilfe haben wir dem TuS Massenheim (800 Mitglieder) ein neues Image gegeben. Zwei Jahre war ich als geschäftsführendes Vorstandsmitglied bei der Umorganisation behilflich. Der alte Vorsitzende hatte den Verein nämlich als Erbmonarchie betrachtet.

KRANKHEITEN

Von Kinderkrankheiten haben meine Eltern bei mir nie berichtet. Also hatte ich sicher auch keine.

Nach dem Abitur habe ich mir als 20jähriger auf Anraten eines Bundeswehrarztes die Mandeln entfernen lassen.

Danach war Ruhe bis zum Jahre 1986. Die eigenen Zähne mussten sukzessive entfernt und die „Dritten" eingepasst werden.

Ebenfalls in den 80er Jahren bekam ich Schwierigkeiten mit den Augen im Nahbereich. Also musste eine Brille her, die bifokal geschliffen war. Mit zunehmendem Alter bemerkte ich, dass mein Sehvermögen ohne Brille wieder besser war als mit dem Ersatzteil. Der graue Star lieferte den Grund dafür. Ambulant ließ ich daraufhin meine eigenen Linsen gegen künstliche austauschen. Seitdem kann ich wieder normal ohne Brille sehen und lesen.

Die einzige schwere Krankheit erwischte mich 1997. Eine Hirnhautentzündung hatte es auf mich abgesehen. Da ich in meinem bisherigen Leben so gut wie keine Medikamente genommen habe, konnten Arznei und Behandlung im Krankenhaus sich voll und positiv entfalten. Nach drei Wochen erschien ich wieder zum Dienst bei der Sanwa Bank. Diese drei Wochen waren die einzige Fehlzeit während meiner beruflichen Tätigkeit.

Für meine Schlafapnoe benutze ich ein Atemgerät, das mir nachts gefilterte Zimmerluft in die Nase bläst. Dadurch liegt der Sauerstoffgehalt meines Blutes über 95%.

Ein größeres Ersatzteil – das rechte Hüftgelenk – habe ich mir erst in der Rentenzeit installieren lassen. Mit all den erwähnten Ersatzteilen lebe ich weiterhin gut und froh gelaunt. Kleine Nachteile sind lediglich mein zu hohes Gewicht und der leicht erhöhte Blutdruck.

FREUNDSCHAFTEN

Ein heikles Thema. Die älteste Freundschaft pflege ich mit Lahnstein. Der harte Kern meiner Volksschulklasse trifft sich jeden dritten Donnerstag im Monat zu einem Spaziergang (früher Wanderung) und legt danach einen Einkehrschwung hin. So oft es die Zeit erlaubt (wie heute am 15.09.16), bin ich mit Anny dabei. Alle fünf Jahre wird ein großes Treffen veranstaltet, an dem alle noch Lebenden teilnehmen können – meine Jugendliebe ist auch noch dabei.

Eine weitere Kollektivfreundschaft besteht noch im Aschenhüttenverein bei Herrenalb. Bis vor kurzer Zeit gehörte die Aschenhütte dem Verein, der sie als Landschulheim und Herberge bewirtschaftete. Von 1999 bis 2006 habe ich dort als Schatzmeister fungiert. Sie wird heute als Jugendherberge betrieben. Einmal im Jahr trifft sich der Rest unserer Jugendbewegung BCJ (Bund Christdeutscher Jugend) einmal auf der Aschenhütte und im nächsten Jahr in Lahnstein. Nach der Konfirmation im Jahre 1950 durfte ich erstmals zu einer Freizeit nach Herrenalb auf die Aschenhütte kommen.

Eine Pseudo- bzw. Quasifreundschaft verband uns 28 Jahre lang mit dem Ehepaar Th. (den vollen Namen möchte ich nicht angeben). Wie einseitig dieses Verhältnis war, mag der Leser der nun folgenden Schilderung entnehmen, die Geschichte einer langen, intensiven, aber auch teuren Bekanntschaft: Die gute Bekanntschaft endete am 01.11.2013. Sie begann 1985 in Nordenstadt, das sind 28 Jahre. R wollte immer eine Freundschaft daraus machen und meinte, wenn sie es anderen gegenüber so erkläre, dann sei es auch so. Ich habe ihr schon früh erklärt, dass zu einer Freundschaft mehr gehört als nur das Zweckbündnis, das wir miteinander pflegten. Mich bewegen heute drei Gemütszustände: Erlösung, Verwunderung und Traurigkeit.

Warum Erlösung? Weil R und D endlich eingesehen haben, dass wir nicht zueinander passen. Für uns war das Verhältnis meistens anstrengend und einengend, da Ths zu 95% (geschätzt) unsere Gäste waren; Anny und ich haben immer Rücksicht bei Terminen und sonstigen Festlegungen genommen. Jetzt fühlen wir uns befreit.

Warum Verwunderung? Wir haben uns immer gewundert, in welchem Missverhältnis bei Ths ihre gesellschaftliche Gesamtleistung und Allgemeinbildung zu ihrer eingebildeten, angeblichen Wichtigkeit steht. Sie fühlen sich gesellschaftlich in der ersten Reihe stehend, weil sie mit Äußerlichkeiten angeben: große Autos (inklusive Sportwagen), großes Schiff (mit dem nicht weit gefahren wird), Uhren, Eigentumswohnung, Modelleisenbahnen usw.

Warum Traurigkeit? Weil die Verbindung und unsere Gastfreundschaft Jahrzehnte lang finanziell zu unseren Lasten ging. Der Reihe nach:

Von 1985 bis 1995 hat Anny bei R in Erbenheim als Floristin gearbeitet. In dieser Zeit wurde Anny von R sozialversicherungspflichtig und steuerlich nicht angemeldet. Im Ergebnis hat sich dieser Umstand später in einer geringeren Rente für Anny ausgewirkt, also Nachteil für uns.

Ab 1988 (wir waren wieder in unserem Haus) sind wir wöchentlich zusammen in die Sauna gegangen, und zwar von Mitte Herbst bis Mitte Frühjahr (6 Monate). An Kosten, die wir getragen haben, sind angefallen: Strom, Heizung, Wasser, teilweise Getränke und Knabberzeug. Apropos Warmwasser, Ths kamen immer ungeduscht an und R hat hin und wieder auch die Haare gewaschen. Der gesunde Menschenverstand geht normalerweise davon aus, dass die Erstdusche nicht bei uns stattfinden muss. Ich war immer zurückhaltend und habe es nicht angesprochen. Erst in den letzten beiden Jahren (vor Ths eigener Sauna) hatten wir uns auf eine Kostenbeteiligung von € 5,00 für den Saunaabend geeinigt. Das Ergebnis einer 25jährigen Sauna-Gemeinschaft sieht wie folgt aus:

Wenn Ths in eine öffentliche Sauna gegangen wären, hätten sie in einem Jahr 25x30 (€ 15,00 pro Person an 25 Tagen) also € 750,00 ausgeben müssen. Zu EURO-Zeiten ergeben das bei 11 Jahren insgesamt € 8.250,-- und vorher bei DM-Zeiten (14 Jahre zu je DM 750,00) insgesamt DM 10.500,00. In EURO ausgedrückt, ergäbe das zusammen € 13.613,--. Diesen Betrag haben Ths gespart, während wir 95% der Kosten (abzüglich Knabberkosten) getragen haben. Scherz oben drauf, in Ths eigene Sauna wurden wir nie eingeladen. Auf einen Hinweis von mir hieß es, wir könnten mal gucken, danke.

Bei der Massage ist es ähnlich gelaufen; ich weiß nicht mehr genau wie lange, aber die Kosten (Strom und Heizung) waren im Winter bei uns angesiedelt.

Ein weiterer Gewinn über DM 17.000,00 hat sich durch meine Intervention zur Klage auf Abfindung bei D eingestellt; davon habe ich etwas bekommen. Dafür hat D wiederholt gemeint, dass unsere Kaminecke Murks sei – wir wollten es aber so. Wenn er das höflicher gesagt hätte, wäre ich auch nicht so aufgebraust.

Last but not least (R wird diese Redewendung bei ihrem perfekten Englisch sicher verstehen) darf ich auch noch auf die Möbelüberlassung von Konferenztischen und -stühlen, das beige Ledersofa sowie den Schreibtisch von der Sanwa-Bank hinweisen. So, nun hab‘ ich mir mal den Frust von der Seele geschrieben.

Kommen wir nun auch mal zu den positiven Ereignissen. In der bisher 28jährigen Bekanntschaft von 1985 bis 2013 sind wir mindestens 5x auf das Boot eingeladen worden – in den letzten Jahren nicht mehr; das heißt im Durchschnitt alle fünf Jahre einmal. Angenehm waren auch die Einladungen zum Gänseessen, die man an einer Hand abzählen konnte; teilweise habe ich die Gans bezahlt.

Kommen wir zum krönenden Abschluss. Am 18.10.13 haben sich Anny und R beim Fernsehen unterhalten. Da ich nicht alles akustisch verstanden und nachgefragt habe, erklärte mir R, es ginge mich nichts an, sie könnte hier sagen, was sie wollte; ich sollte lieber meine Frau anmachen. Danach bin ich etwas heftig geworden, in dem ich erklärte, dass dies eine unschöne Provokation sei. Wie ich später erfahren habe, hat R meiner Frau zum wiederholten Mal von den handschriftlichen Aufzeichnungen im Bahnhof berichtet. Mir ist klar, was R damit zum Ausdruck bringen wollte; sie hat es angeblich bei sich besser gemacht. Zwei Wochen später dann die Erklärung, dass Ths nicht mehr zu uns kommen wollen; Gott sei Dank.

Mit O. Rechthaber verband mich seit fast 40 Jahren eine enge Freundschaft, die mittlerweile zum zweiten Mal unterbrochen ist. Er ist ein Mann, der gerne diskutiert und auch intime Fragen stellt. Am Ende der Diskussion musste aber immer seine Meinung als die richtige gelten. Ich hoffe, dass wir die momentane Auszeit auch wieder überwinden können, wie wir es vor 20 Jahren auch geschafft haben. Es ist wie in der Ehe, Zerwürfnisse entstehen meistens aus Kleinigkeiten. Mehr möchte ich dazu zurzeit (2016) nicht sagen.

Echte unkomplizierte Freundschaften bestehen mit den Ehepaaren Völkl, Stock, Riecke und Whitfield (USA). Überraschenderweise resultieren diese Freundschaften (außer Whitfield) aus Urlaubsbekanntschaften.

Die Ehepaare Völkl und Stock haben wir (Anny und ich) zufällig im Jahre 2000 in Bali kennengelernt. Wir waren auf der Reise nach Neuseeland und haben in Bali eine Woche unterbrochen, um nicht zweimal zwölf Stunden Flug zu erleiden. Wir wohnten unweit der Hauptstadt Denpassar im Hyatt. Am Strand, den eine querlaufende lange Wellen brechende Felsbarrikade schützte, lernten wir Völkls kennen. Dazu gesellte sich das Ehepaar Stock, das im nahe gelegenen Radisson keinen ordentlichen Strand hatte. Nach einer Woche flogen wir weiter nach Neuseeland.

Zwei Jahre später trafen wir zufällig in Nassau (Lahn) Günter Stock bei einer Radtour. Großes Hallo und das Versprechen, uns kurzfristig wiederzusehen. Versprechen gehalten. Bereits 2002 haben wir uns mit Völkls in Australien wieder getroffen (freitags um 15 Uhr in Cairns) und sind zusammen die Ostküste Australiens bis Sydney gefahren. Seitdem treffen wir uns (alle sechs) mindestens einmal im Jahr zu gemeinsamen Ausflügen in Massenheim.

Mit Mary (Oberstleutnant) und Neal (Hauptmann) Whitfield (Air Force) verbindet uns eine innige Freundschaft. In ihrer aktiven Zeit wohnten sie drei Jahre bei uns im Amselweg; wir haben heute noch deren Telefonnummer. 1988 wechselte das Ehepaar wieder in die USA. In unterschiedlichen zeitlichen Abständen besuchen wir uns gegenseitig. In den USA trafen wir uns 1989, 1991 und 1993 in Kanada sowie 2011 anlässlich unserer Hochzeitsreise in Florida. Whitfields kamen Mitte der 90er Jahre und aus Anlass meines 80sten Geburtstages 2016 zu Besuch nach Massenheim. Zwischenzeitlich unterhielten wir uns mit E-Mails.

Ebenso verkehren wir mit Christa und Dr. Hans-Günter Riecke. Sie Apothekerin, er Raffinerieleiter und Direktor bei Exxon. Wir lernten uns 1972 in den Dolomiten beim Skifahren kennen und haben uns schätzen gelernt. Die Freundschaft hält, weil wir uns gegenseitig keine Probleme bereiten. Wir sehen uns hin und wieder in Hamburg oder in Massenheim. Alle interessanten Dinge besprechen wir am Telefon, und zwar besonders Christa und ich.

Mit Gabi und Walter Schumacher pflegen wir eine lockere Freundschaft. Sie war als Lehrerin im Antoniusheim in Hochheim und er als Diplom-Handelslehrer an einer Berufsschule in Frankfurt tätig. Da Schumachers auch gerne reisen – bevorzugtes Land ist Kanada –, tauschen wir drei bis viermal im Jahr Urlaubserlebnisse aus. Für unsere Kanadareise 1993 hatten Gabi und Walter uns sehr hilfreiche Tipps gegeben. Bevor Schumachers in Hochheim gebaut haben, wohnten sie in Massenheim bei uns schräg gegenüber; hier hat die Verbindung begonnen.

FAMILIE

An oberster Stelle stand bei mir immer das Wohlergehen der Familie. Unsere beiden Töchter sind gut geraten. Ulrike studierte in Gießen Ernährungswissenschaften, sie ist Ökotrophologin und jetzt als freie Wissenschaftsjournalistin tätig. Mittlerweile hat sie 15 Bücher veröffentlicht, schreibt zahlreiche, allgemein verständliche Artikel in einschlägigen Zeitschriften, hält Vorträge und tritt hin und wieder im Fernsehen auf. Sie ist mit Frank Racke, einem Klimatechniker, seit dem Jahr 2000 verheiratet. Die Ehe ist kinderlos, dafür hat Frank einen erwachsenen Sohn. Die beiden erwarben in Wallrabenstein ein Haus, das sie im Laufe der Zeit stark modernisiert haben.

Martina, unsere jüngere Tochter, hat nach dem Abitur Chemielaborantin gelernt. Über verschiedene Berufstätigkeiten machte sie sich in Mackenbach (bei Kaiserslautern) mit einem Nagelstudio selbstständig. Nach einer missglückten Ehe war sie mit Jessi, einem Flugzeugtechniker, eng liiert. Er wurde im Herbst 2000 nach Korea versetzt, während Martina in Mackenbach zurückblieb. Neun Monate später stellte sich Tamia Ann auf dieser Welt vor. Anny half bei der Geburt im Kreissaal und hat unsere Enkelin zwei Jahre lang zweimal die Woche von Montag bis Mittwoch betreut, damit Martina sich ums Geschäft kümmern konnte.

Im Jahre 2003 zog Martina auf Annys und mein Anraten hin wieder zu uns in den Amselweg. Dieser Schritt war erfolgreich, da Martina 2005 ihren jetzigen Mann, Werner Weitzel, kennengelernt und am 06.06.2006 geheiratet hat. Unsere Enkelin ist mittlerweile 15 Jahre alt und besucht das Gymnasium in Flörsheim. Aller Voraussicht nach wird sie in drei Jahren die Abiturprüfung ablegen (G8).

Mit meiner Frau bin ich jetzt 56 Jahre verheiratet. Sie hat entscheidenden Anteil an meinem beruflichen Werdegang. Ich konnte in die Ferne ziehen. Anny hat die Kinder erzogen und war rastlos für sie unterwegs. Da Massenheim verkehrsmäßig zumindest schlecht bis gar nicht an die übrige Welt angebunden war, fungierte Anny als Chauffeurin zur Tanzstunde, zum Schreibmaschinenkurs, zum Reitunterricht und zu Schulelternabenden. Daneben kümmerte sich meine Frau um ihre Eltern. Als Martina aus dem Gröbsten raus war, fing Anny wieder an, aushilfsweise in ihrem geliebten Floristenberuf zu arbeiten. Nicht zu vergessen ist auch unser Garten, den sie obendrein noch bestellt.

Im Jahre 1971 stieg Anny wieder voll in die Floristik ein. Zusammen mit Annemarie Heide mietete sie in Hochheim ein Ladenlokal an und gründete das „Blumenstudio“. Bis 1983 betrieb sie mit ihrer Partnerin den gutgehenden Laden. In diesem Jahr wollte ich Anny nach Solingen holen, weil ich dort mittlerweile eine Eigentumswohnung gekauft hatte. Dieses Projekt schlug jedoch fehl. Der Frischdienstzentrale ging es nicht so gut. Die Münstermänner hatten ihre 2/3-Anteile an Wilke (Berlin) verkauft, der auch jetzt in Solingen das Sagen haben wollte. Ich musste mich also wieder mal verändern. In dieser Situation wollte ich keinen festen Wohnsitz in Solingen gründen. Also Anny wieder nach Hause und ich zu Rummler nach Köln.

An dieser Stelle möchte ich mich ausdrücklich bei meiner Frau für ihre Liebe, ihre Treue und ihre bis heute währende Schaffenskraft aus tiefstem Herzen bedanken. Wer weiß, wo ich ohne sie in meinem Berufs- und Lebensweg gelandet wäre

SONSTIGES

Während ich bei Hecke arbeitete, ergriffen Anny und ich die Gelegenheit zum Hausbau im Amselweg. Das Haus hat Anny geplant. Es verfügt mit ausgebautem Keller über reichlich Wohnfläche. Im Souterrain sind die Versorgungsräume, Weinkeller, Partyraum und Sauna installiert. Im Parterre liegt unsere Wohnung zuzüglich einer 36qm großen Terrasse. Im Obergeschoss wohnen Martina, Werner und Tamia. Da das Haus nicht unwesentlich teurer als veranschlagt wurde (immer wiederkehrender Fehler von „Häuslebauern"), verkaufte Anny ihr Elternhaus und investierte den Erlös in den Amselweg.

Im Dezember 2009 entschieden wir uns für eine Probefahrt auf einem Kreuzfahrtschiff. Es ging um die Frage, ob es uns gefällt, da wir unsere Goldene Hochzeit per Schiff unternehmen wollten. Die Reise führte uns von Genua über Barcelona, Gibraltar, Casablanca, Teneriffa, Funchal (Madeira), Malaga und Rom wieder zurück nach Genua. Wir waren begeistert und buchten als Hochzeitsreise eine Kreuzfahrt in die östliche Karibik. Ausgangspunkt war Fort Lauderdale in Florida. Wir besuchten Antigua, Barbedos, Lucia, St. Kitts und St. Thomas. Am Ende der Reise trafen wir in Fort Lauderdale Mary und Neal für drei Tage. Eine fantastische Kreuzfahrt. Für die Anreise nach Genua kann ich jedem Reiselustigen nur empfehlen, mit einem STEWA-Bus in Mainz zu starten. Mit der Abgabe des Gepäcks in Mainz beginnt der Urlaub direkt. Die Busanreise dauert zwei Tage mit einer Zwischenübernachtung hinter den Alpen. Unterwegs kann man im Bistro des Busses die Fahrt sehr kurzweilig verbringen.

HEIMER ZEITUNG — Seite 3

MENSCHEN IN UNSERER STADT

In Nassau kennengelernt

Anny und Erich Gonder feiern heute ihre Goldene Hochzeit

HOCHHEIM (jb) – Im Spätherbst des Jahres 1959 besucht die junge Anny Müller ihre Cousine in Nassau, abends gehen die beiden Frauen zum Kegeln. „Als sie zur Türe herein kam, wusste ich, die heirate ich", lacht Erich Gonder. Ihre schlanke Gestalt, das klare, fein geschnittene Gesicht, die melancholischen Augen hatten es ihm angetan. Und tatsächlich, ein Jahr danach heiraten die beiden, ziehen zu den Eltern der Braut nach Massenheim. Später baut das Paar ein eigenes Haus im Amselweg. Bald werden sie Eltern einer Tochter, 1965 erblickt die zweite Tochter Martina das Licht der Welt. Mit drei Geschwistern ist Anny, im Juli 1936 geboren, in Massenheim groß geworden. Der Vater, selbstständiger Schneidermeister, die Mutter zuständig für die feinen Näharbeiten, konnten ihren Kindern eine gediegene Kindheit bieten. Nach dem Besuch der Zwergschule in dem kleinen Örtchen lernt sie den Beruf der Floristin und führt, zusammen mit der Massenheimerin Annemarie Heide, einen Blumenladen am alten Hochheimer Friedhof. Noch heute arbeitet die Jubilarin aushilfsweise als Floristin und besucht Fortbildungslehrgänge in der Blumenbindekunst.

Am 20. Januar 1936 kommt Erich Gonder in Koblenz zur Welt, wächst in einem Bankiershaushalt mit klassischen, bürgerlichen Werten auf, streng und autoritär erzogen. Doch Erich, ein kleiner Feuerkopf mit überbordendem Temperament und kämpferischer Natur, kann dies nicht abschrecken. „Ich habe mir als Bub trotzdem viel rausgenommen und lieber die „Senge" danach in Kauf genommen". In Frankfurt studiert er Betriebswirtschaft und schließt das Studium als Diplom-Kaufmann ab. Zielstrebigkeit, nüchterne Willenskraft und Nervenstärke sind der Motor auf seinem Berufsweg, führen ihn an die Spitze bedeutender Unternehmen in ganz Deutschland. „Ich wollte stets in der ersten Reihe stehen, auch wenn man auf die zuerst schießt"! In einer großen Wirtschaftsprüfungsgesellschaft erwirbt er das Rüstzeug für seine spätere berufliche Laufbahn. Nach Positionen in verschiedenen Firmen der Lebensmittelbranche, über die Geschäftsführung von Möbel-Busch, steigt er ins Bankgeschäft ein, zunächst in die Geschäftsleitung der Co-op Bank und schließlich in den Vorstand einer japanischen Bank in Frankfurt. Als Persönlichkeit mit vielen Facetten bewies er sich als Multitalent, gewieft, erfolgreich und von beeindruckender Sachkenntnis. Anny hat die Karriere ihres Mannes immer unterstützt, war ihm unerschütterlicher Rückhalt. Daneben war sie in ein Korsett aus Pflichtleistungen geschnürt, das Geschaft, die Pflege ihrer alten Eltern, den Haushalt, die Erziehung der beiden Töchter – Ulrike, die Älteste, ist eine bekannte Ernährungswissenschaftlerin.

„Um fünf 5 Uhr in der Großmarkthalle, spät abends am Bügelbrett", nickt sie, eine zurückhaltende, tief blickende Beobachterin. Leistung bringen, Aufgaben in der Gesellschaft übernehmen, für Andere da sein, das sind Eigenschaften, die beiden wichtig sind.

Erich Gonder war Vorsitzender der Gemeindevertretung, als Massenheim noch selbstständig war, später Stadtverordneter in Hochheim, ist Träger der silbernen Bürgermedaille. Er ist Mitbegründer des Massenheimer Tennis-Vereins, war Vorstandsmitglied und Kassenwart, ist der älteste aktive Spieler. Seine Ehefrau hat den Hausfrauenverein Massenheim mit aus der Taufe gehoben, war Erste Vorsitzende, hielt beim Tennisverein den zweiten Vorsitz inne. Und doch fanden die Jubilare Zeit für ausgedehnte Reisen, die sie durch die halbe Welt führten. In den letzten Jahren sind sie im Wohnwagen unterwegs, gemeinsam mit ihrer kleinen Enkelin Tamina-Ann, ihr ganzer Stolz. Ein bewegtes Eheleben mit allen Höhen und Tiefen liegt hinter ihnen, missen aber wollten sie einander nie. „Krebs und Steinbock passen nicht zusammen". Und gefolgt von donnerndem Lachen platzt es aus dem unverwüstlichen Optimisten heraus: „Deshalb haben wir es ja gemacht"! Heute feiern die Jubilare ihren goldenen Hochzeitstag. Freunde, Verwandte und Bekannte sind um 12.00 Uhr zu einem Dankgottesdienst in die evangelischen Kirche eingeladen und zum anschließenden Sektempfang ins Gemeindehaus in der Friedensstraße.

Anny und Erich Gonder. Foto: Josefa Braam

Jetzt hatten wir richtig Blut geleckt. Bis heute (2016) haben wir noch vier Kreuzfahrten unternommen; dreimal Mittelmeer mit unterschiedlichen Routen und zuletzt zum Geiranger Fjord in Norwegen.

Ab 1996 habe ich alle zwei Jahre ein Treffen meiner ehemaligen Abiturklasse in Koblenz organisiert.

Von meiner Tätigkeit in Neu-Ulm muss ich noch das Fliegen nachtragen. Die Amerikaner hatten den Ulmern einen kleinen Militärflugplatz hinter den Milchwerken Schwaben zur privaten Nutzung überlassen. Dort meldete ich mich zur Motor-Flugausbildung an. Die Ausbildung lief gut. Nach 100 Starts und Landungen mit dem Fluglehrer durfte ich erstmals alleine drei Platzrunden drehen. Wie bekannt hat mein Engagement in Ulm nicht lange genug gedauert, um die Ausbildung zu vollenden.

Ansonsten habe ich mich als Rentner bei verschiedenen Aushilfsjobs nützlich gemacht:

- Schwertransporte und dazu gehörige BFT3-Fahrzeuge gefahren
- Kundenservice für ein Autohaus
- Baumfällarbeiten und Brennholz im Wald beschafft (mit Motorsäge-Lizenz)
- Kundenakquisition für eine Bausparkasse
- Leserbriefe veröffentlicht
- Stückguttransporte gefahren
- Mitarbeit bei einer Bauträgerfirma
- Beratungen aller Art

In der ambulanten Reha-Kur 2015 habe ich spontan begonnen, die vorliegenden Memoiren zu verfassen. Zurzeit

(September 2016) gastieren Anny und ich mit unserem Wohnwagen in Bullay an der Mosel, wo ich hier den abgelaufenen realen Teil meiner Lebensgeschichte beende. Das heißt aber nicht, dass ich keine Wünsche mehr hätte. Zu vier Themen will ich noch etwas sagen.

BARGELDABSCHAFFUNG

Wenn man sich an den gelegentlich veröffentlichen Zahlen orientiert, sollen im so genannten „Grauen Markt“ wertmäßig jährlich etwa 300 bis 400 Milliarden EURO umgesetzt werden. Dazu zählen:

- Schwarzarbeit und -geld
- Falschgeld
- Drogenmissbrauch sowie
- Steuerhinterziehung und
- Geldwäsche.

Dem Staat entgehen dadurch viele Steuermilliarden, die der ehrlich Bürger mitbezahlen muss. Die geschilderten Straftatbestände sind fast nur mit Bargeld möglich. Logisch folgt daraus, dass Bargeld abgeschafft werden muss! Vor einiger Zeit habe ich darüber eine kurze Abhandlung geschrieben, die nachstehend wieder gegeben ist:

Dipl.-Kfm. Erich J. Gonder

Lösungsansätze und -vorschläge zur Bekämpfung von Falschgeld, Schwarzgeld, Drogen-
Missbrauch, Schwarzarbeit und Steuerhinterziehung

Vorbemerkung

Alle fünf genannten Problemfelder hängen direkt mit Bargeld zusammen. Was liegt da näher, als das Bargeld abzuschaffen? Meines Wissens gab es vor einigen Jahren schon Feldversuche, in zwei Städten bargeldlos zu wirtschaften.

Über die Ergebnisse dieser Feldversuche hat man bisher nichts gehört. Heißt das, die Ergebnisse waren so gut, dass die einschlägige Lobby die Umsetzung in die Tat verhindert hat oder war die Zeit vor zehn Jahren nicht reif dafür? Sei's drum, ich mache noch einmal den Versuch, die Vorteile und Durchführbarkeit der Bargeldabschaffung darzustellen. Ich möchte auch hier schon darauf hinweisen, dass die viel beschworene Steuerehrlichkeit nur mit Abschaffung des Bargeldes verwirklicht werden kann; sie wäre praktisch eines der lobenswerten Ergebnisse.

Falschgeld

Ohne gesetzliches Bargeld erübrigt sich die Herstellung von Falschgeld. Die Vorteile liegen auf der Hand. Die Kosten der Herstellung von Banknoten und Münzgeld liegen sicher im Milliardenbereich; sie fallen künftig weg. Außerdem können alle Kosten, die im Zusammenhang mit der Verwaltung des Bargeldes stehen, eingespart werden. Weitere Vorteile liegen im Wegfall der Falschgeld-Kriminalität und deren Folgen. Davon profitiert auch der einzelne Bürger, wenn ihm bisher ohne eigene Kenntnis Falschgeld angedreht wurde, das er nicht ersetzt bekam. Bargeldautomaten werden überflüssig, sie können nicht mehr beschädigt und/oder geraubt werden; der bisher geschädigte Bankkunde hat den Vorteil. Ich glaube, es gibt noch reichlich mehr Vorteile, die ich aber momentan nicht alle aufzählen möchte bzw. kann. Denkt man daran, dass auch Diebesgut nicht mehr ohne weiteres zu Geld gemacht werden kann, weil Zahlungen nachvollziehbar sind.

Die Karte

Jetzt wird natürlich sofort gefragt, wie denn der bisherige Bargeldverkehr ersetzt werden soll. Ganz einfach – mit Karten (Geld-, Kredit- und sonstige Karten). Oder man kreiert eine Karte, in die alle notwendigen Daten integriert sind. Im Wiesbadener Kurier habe ich heute gelesen (31.8.2012), dass es in Deutschland schon 90 Millionen Girocards gibt. Statistisch gesehen hat damit jeder Deutsche mindestens eine Karte. Natürlich müssen die Karten dem höchsten Sicherheitslevel entsprechen. Meines Erachtens ist bei Karten mit Biometrischen Daten und deren Abgleich ein sehr hoher Sicherheitsgrad gegenüber Missbrauch jeglicher Art gegeben.

Zunächst wird die Karte mit einem Verfügungslimit präpariert bzw. geladen. Im geschäftswirtschaftlichen Bereich wird wie bisher per Scheck, Überweisung, Akkreditiv und dgl. gezahlt bzw. gebucht. Für Kartenzahlungen muss der Verkäufer ein Datenerfassungsgerät bereithalten; der Käufer erhält wie bisher eine Quittung, die nach den Vorschriften der Abgabenordnung (AO) aufzubewahren ist. Gutschriften und Storni sind nachvollziehbar zu begründen und von einer Führungskraft zu genehmigen (abzuzeichnen).Im privatwirtschaftlichen Bereich können folgende Möglichkeiten realisiert werden:

- *wiederkehrende Kosten per Bankeinzug begleichen*
- *Überweisungsverkehr*
- *Elektronic-Banking, Home-Banking*

- *Kartenzahlung, wenn Geldempfänger geeignetes Gerät besitzt.*

Schwarzgeld

Ohne Bargeld kein Schwarzgeld. Schwarzgeldbesitz setzt Steuerbetrug voraus. Die Ausmaße liegen nach unverbindlichen Schätzungen im zwei- bis dreistelligen Milliardenbereich. Wahrscheinlich könnten wir damit alle Schulden Griechenlands tilgen. Dieser enorme volkswirtschaftliche Schaden kann durch den Wegfall des Bargeldes beseitigt werden. Die Auswirkungen wären vielfältig:

- *Mehr Gerechtigkeit zwischen ehrlichen und unehrlichen Steuerzahlern.*
- *Das gesamte Steueraufkommen würde steigen und die Steuersätze könnten vielleicht gesenkt werden.*
- *Steuerehrlichkeit könnte mangels Betrugsmöglichkeiten stark wachsen.*
- *Die ehrlichen Steuerzahler müssten nicht mehr für die unehrlichen Steuerzahler mitbezahlen.*

Wie entsteht oder wie kann Schwarzgeld kreiert werden? Ohne auf Details einzugehen, möchte ich hier nur einige Grundmöglichkeiten skizzieren, die in der Praxis häufig genutzt werden. Jeder, der privat oder geschäftlich mit Bargeld umgeht, kann schummeln oder betrügen bzw. hat theoretisch die Möglichkeit dazu; nötig sind immer zwei Personen:

- *Barein- und -verkauf ohne Rechnung.*
- *Einkauf mit Rechnung, Verkauf ohne Rechnung in bar (Vorsteuerbetrug).*
- *Unvollständige Aufzeichnung der Einnahmen bei fehlender Registrierkasse.*
- *Ab einer vorher festgelegten Einnahmehöhe wird nichts mehr in die Registrierkasse eingegeben.*
- *Bargeschäfte im Dienstleistungsbereich (Manipulationsmöglichkeiten im Aufzeichnungsbereich).*

Schwarzgeld erzeugt wieder Schwarzgeld, weil der Besitzer die Erträge aus Schwarzgeld auch wieder gefärbt verwendet. Er kann und will es nicht in den steuerbaren Bereich zurückführen, oder er muss es waschen.

Schwarzarbeit

Der graue Markt bzw. die Schwarzarbeit fügt der normalen Wirtschaft erheblichen Schaden zu. Die Schwarzarbeit kann aber nur mit Bargeld funktionieren. Der Auftraggeber zahlt an den Schwarzarbeiter mit versteuertem oder unversteuertem Bargeld. Der Geldempfänger stellt keine Quittung aus bzw. bleibt anonym. Handwerklich geschultes Personal arbeitet auf diese Weise an Wochenenden, im Urlaub oder sogar während einer Krankschreibung. Wer gegen nicht quittiertes Bargeld arbeitet, versteuert auch keine Trinkgelder. Durch die Einnahmen aus Schwarzarbeit gehen etliche Steuermilliarden an der Staatskasse vorbei. Der ehrliche Lohn- und Gehaltsempfänger zahlt für den unehrlichen mit, der u.U. den ehrlichen auch noch mitleidig belächelt. Letztendlich geht es bei der Schwarz-

arbeit auch um erhebliche Beträge, die den Sozialkassen verloren gehen. Logische Schlussfolgerung: Weg mit dem Bargeld.

Drogenmissbrauch

Auch das Drogengeschäft läuft nur mit Bargeld. Umgekehrt heißt das, ohne Bargeld könnte das Drogengeschäft ausgetrocknet werden. Die Patienten bzw. die Abhängigen müssten natürlich therapiert werden; man kann die Kranken nicht alleine lassen.

Ohne Bargeld kann auch kein Diebesgut aus Einbrüchen und Raubüberfällen versilbert werden; Bargelderpressungen werden obsolet. Ich bin mir fast sicher, dass die Beschaffungskriminalität ohne Bargeld kaum noch Sinn macht und weitgehend unterbleibt.

Fazit:

Ich bin sicher, dass es für das Projekt der Bargeldabschaffung geharnischten Protest geben wird. Von wem wohl? Nur von denen, die ihre Pfründe schwinden sehen, weil sie keine krummen Geschäfte mehr machen können. Man kann davon ausgehen, dass die Protestierer diejenigen sind, die bisher mit Bargeld unlauter gearbeitet haben. Der deutsche Staat sollte mutig genug sein, das Bargeld abzuschaffen, weil die Vorteile die Nachteile um viele Milliarden überwiegen.

Erich J. Gonder

Artikel 29 GG erlaubt, eine Neugliederung des Bundesgebietes. Absatz 1 dieser Verfassungsvorschrift sagt:

Das Bundesgebiet kann neu gegliedert werden, um zu gewährleisten, dass die Länder nach Größe und Leistungsfähigkeit die ihnen obliegenden Aufgaben wirksam erfüllen können. Dabei sind die landsmannschaftliche Verbundenheit, die geschichtlichen und kulturellen Zusammenhänge, die wirtschaftliche Zweckmäßigkeit sowie die Erfordernisse der Raumordnung und der Landesplanung zu berücksichtigen.

Aus bisher 16, teilweise Unterstützung brauchenden Ländern könnten sechs lebensfähige Landesverbände gebildet werden. Einige Länder haben ja früher schon damit begonnen. Denken wir an Nordrhein-Westfalen, Baden-Württemberg, Rheinland-Pfalz, Schleswig-Holstein, Sachsen-Anhalt und Mecklenburg-Vorpommern. Nach Einwohnerzahlen zusammengestellt könnte es folgende sechs Länder geben:

	Einwohner in Mio		Neuer Status
Nordrhein-Westfalen	17,9		bleibt allein
Bayern	12,8		bleibt allein
Baden- Württemberg	10,9	41,6	bleibt allein
Niedersachen	7,9		Nordland
Schleswig-Holstein	2,9		"
Hamburg	1,8		"
Bremen	0,7	13,3	"
Hessen	6,2		Westland

Rheinland-Pfalz	4,1		"
Thüringen	2,2		"
Saarland	1,0	13,5	"
Sachsen	4,1		Ostland
Berlin	3,5		"
Brandenburg	2,5		"
Sachsen-Anhalt	2,2		"
Mecklenburg-Vorpommern	1,6	13,9	"
	82,3	82,3	

Auch eine andere Konstellation ist denkbar. Es sollten auf jeden Fall lebensfähige Länder gebildet werden, sodass man sich den lästigen und immer streitigen Länderfinanzausgleich sparen kann. Wenn Hilfe gebraucht wird, kann immer noch ein Modus gefunden werden. Man könnte danach zehn Länderparlamente einsparen. Die jetzigen Länder erhielten ihrer Einwohnerzahl entsprechend Parlamentssitze in den neuen Parlamenten. Die Verwaltungsarbeit wird den jetzigen Regierungspräsidien zugeordnet, die man dann als Verwaltungspräsidien umbenennen kann. Der bisherige Name „Regierungspräsidium“ ist ohnehin nicht ganz akkurat, da sie ohne Parlament fungieren. Bund, Länderkreise, Städte und Gemeinden haben jeweils Parlamente als Fundament, die angesprochenen Regierungspräsidien nicht (empfinde ich als Systembruch).

Gerne würde ich mich auch noch mit einem einfacheren sowie gerechteren Steuer- und Abgabensystem befassen. Unser heutiges System ist zu sehr auf Einzelgerechtigkeit (Utopie) denn auf Solidarität ausgerichtet. Es ist nicht nachvollziehbar, warum es über 6.000 vor- und rückseitig bedruckte Blätter für Steuergesetze und Verordnungen sowie Richtlinien geben muss. Es ist sicher einfacher zu gestalten.

Ich vertraue auf Gott und bitte um Zeit, daran noch arbeiten zu können.